明代官式建筑

彩画

——明智化寺彩画实录

王妍◎著

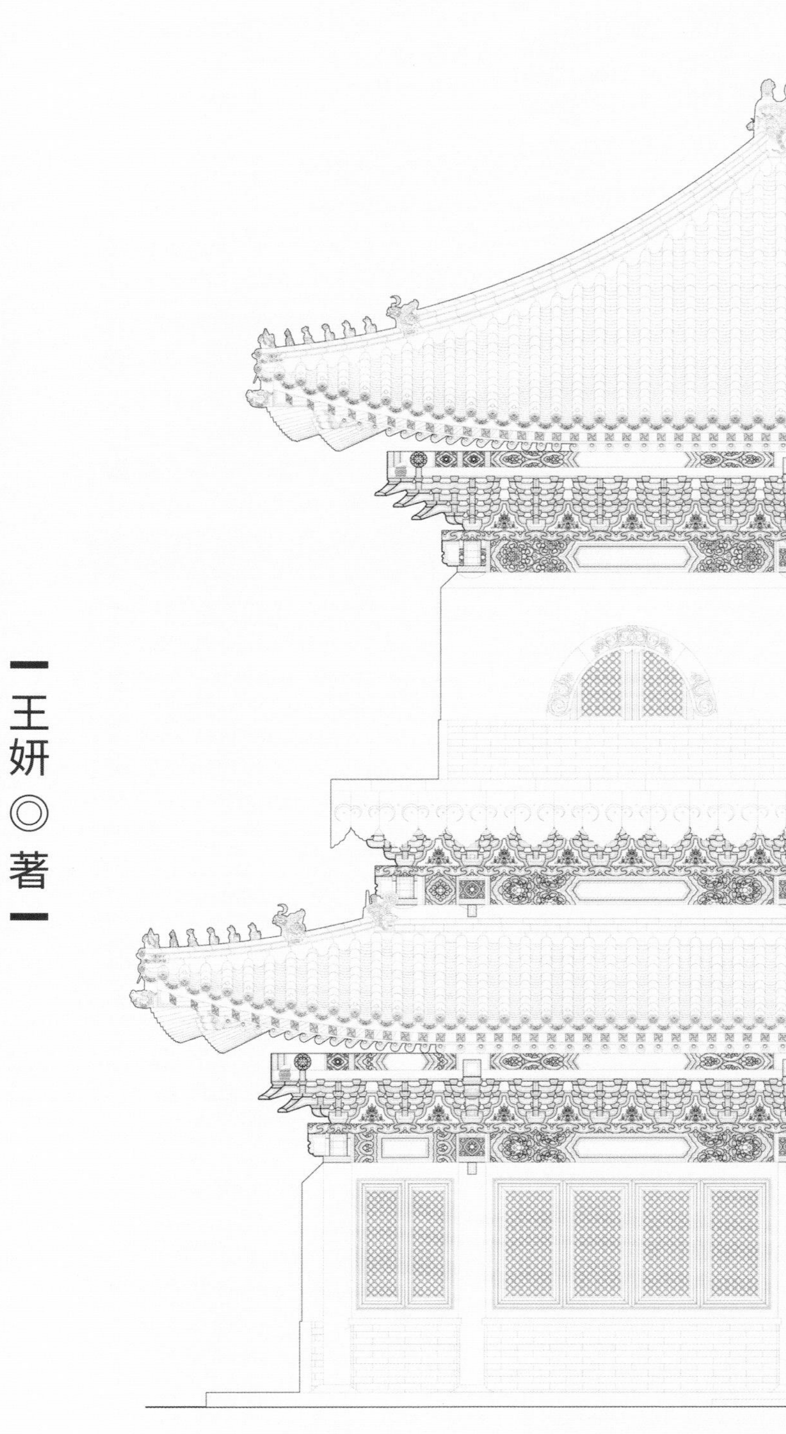

中国建材工业出版社

图书在版编目（CIP）数据

明代官式建筑彩画：明智化寺彩画实录 / 王妍著
. -- 北京：中国建材工业出版社，2018.9
ISBN 978-7-5160-2331-0

Ⅰ. ①明… Ⅱ. ①王… Ⅲ. ①古建筑－彩绘－研究－中国－明代 Ⅳ. ①TU-851

中国版本图书馆CIP数据核字(2018)第166961号

内容提要

本书核心内容是作者在多年从事传统建筑研究、设计、施工的技术积累和经验总结的基础上，以北京智化寺明代初始绘制的彩画为研究对象，整体复原的一百张彩画图。本书注重探寻明代建筑更早的彩画做法，最大限度地接近原貌，以尊重历史为原则，并对明代建筑彩画的工艺技术，包括颜料材料、绘制手法、纹饰结构，展开系列研究。

本书所涉内容不仅是工程需要，也是研究教学的需要，对工程实践、研究教学具有重要的现实意义和参考价值。

明代官式建筑彩画——明智化寺彩画实录
王　妍◎著

出版发行：中国建材工业出版社
地　　址：北京市海淀区三里河路1号
邮　　编：100044
经　　销：全国各地新华书店
印　　刷：北京天恒嘉业印刷有限公司
开　　本：889mm × 1194mm　1/12
印　　张：12.5
字　　数：340千字
版　　次：2018年9月第1版
印　　次：2018年9月第1次
定　　价：136.00元

本社网址：www.jccbs.com　　微信公众号：zgjcgycbs
本书如出现印装质量问题，由我社市场营销部负责调换。联系电话：（010）88386906

作者简介

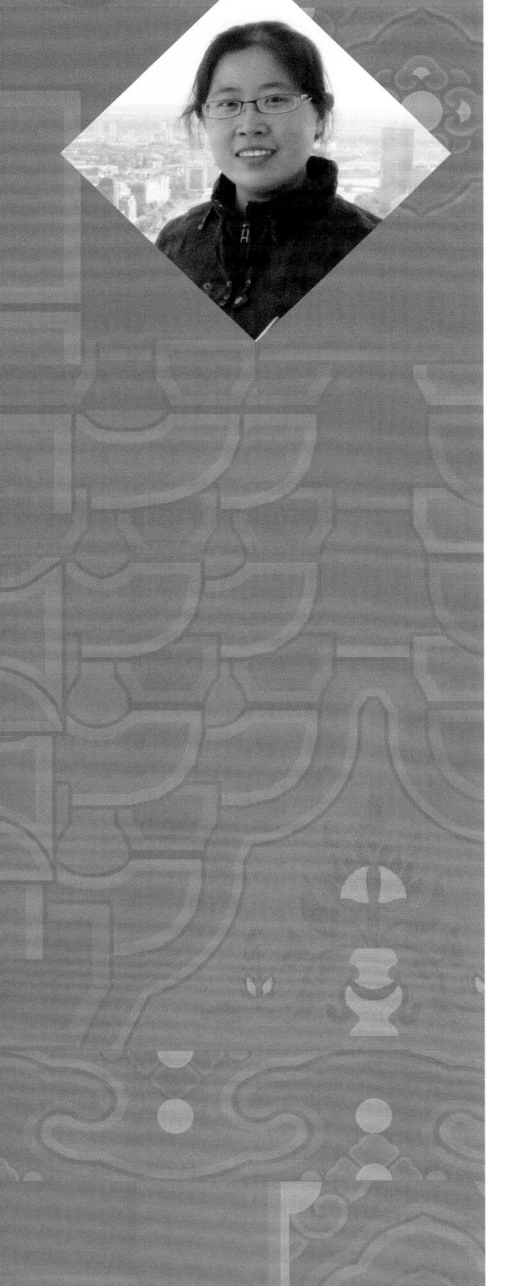

王妍

王妍，1982 年生，女，锡伯族，辽宁盘锦人。2005 年本科毕业于沈阳建筑大学建筑与规划学院园林专业，2008 年硕士毕业于中国农业大学园林专业。作者擅长工笔仕女人物和花鸟。参加工作后，师从中国建筑彩画大师蒋广全先生，系统地学习明清官式建筑彩画颜材料、纹饰和工艺。硕士研究生毕业多年一直在建筑设计一线，从事建筑设计及彩画设计、施工图绘制、协助恩师专业著作的整理、研究和教学工作。在北京市古代建筑设计研究所工作期间任油饰彩画专业负责人，参与或主持完成过二十多个国家重点、省重点文物建筑彩画修缮工程和大量传统建筑的彩画设计、施工图及彩画谱子设计工作、编制《北京东城区传统民居四合院建设要素指导手册》油饰彩画的内容。

文物建筑彩画修缮设计的项目有：北京故宫永寿宫建筑群、北京礼王府建筑群、北京观音寺建筑群、北京护国双关帝庙、北京西什库教堂重檐碑亭、北京宣武谢公祠、北京婉容故居娘娘府建筑群、南京明远楼、河北清西陵昌妃陵建筑群、鄂尔多斯郡王府建筑群、甘肃举院至公堂观成堂、甘肃五泉山建筑群、甘肃张掖会馆建筑群等。

传统建筑彩画设计的项目有：北京国管局建筑群、北京房地集团古建工作室垂花门及游廊（由作者工作室完成了其雀替及花板的木构件制作）、北京国开行牌楼、北京什刹海荷花市场牌楼、北京宣武丰宣公园元代建筑群、北京十三陵水坝长廊建筑、北京江南城牌楼、北京西城私宅四合院建筑群、华润北平府四合院建筑群、天津恒大贵宾楼山花结带小样制作、海南恒大海花岛建筑群、武汉归元寺圆通阁彩画及建筑细部纹饰设计、山东金乡明朱元璋故居建筑群、山东姜山牌楼、南宁畅游阁、南阳四合院建筑群、南京明代公园的大明门及洪武门建筑群、河北丰宁大觉禅寺、四川昌德县凤凰阁等。

独立手绘的清代建筑彩画小样故宫西六宫翊坤宫檐枋清早期苏画异兽包袱心“益寿延年”曾数次参加行业协会组织的重要展出。同时在文物局及大型集团公司组织的古建课程培训中，担任古建筑彩画讲师，完成彩画教学的任务。

本书中建筑和彩画的勘察测绘以及一百张线描图、彩图的所有绘制工作全部由作者本人独立完成，是基于作者大量基础勘察测绘的成果。每个建筑及彩画细部尺寸都是反复勘察测量，多次拍照，几十次往返复查所得。矿石颜料的研磨制取方法及其绘制规格的所有数据成果，更是作者反复实践独立验证取得，真实可信。

王妍传统建筑彩画设计工作室邮箱：1904900621@qq.com。

序言

《明代官式建筑彩画——明智化寺彩画实录》一书是王妍同志在多年从事传统建筑彩画研究、设计和技术积累的基础上，对明代建筑智华寺彩画进行研究、测绘并将现有彩画逐一复原绘制的结晶。这一复原绘制以尊重历史为原则，努力探寻彩画初绘时期的做法，使其最大限度地接近原貌。同时本书作者还对明代彩画的工艺技术，包括纹饰结构、工艺手法、颜材料的使用进行了一系列研究。因此，这本书不仅对工程实践有重要参考价值，对研究、教学也有重要参考价值。

王妍同志 2005 年本科毕业于沈阳建筑大学建筑与规划学院园林专业，2008 年中国农业大学园林专业研究生毕业。她擅长工笔仕女人物和花鸟绘画，参加工作后师从中国传统建筑彩画名师蒋广全先生，系统学习明清官式建筑彩画，得到蒋先生真传。多年来一直在传统建筑一线从事古建筑彩画保护和设计，曾参与或主持过二十多个国家级、省市级重要文物保护建筑的彩画设计，具有较为丰富的实践经验和技艺，是近年涌现出来的传统建筑彩画研究设计领域的新秀。她的这本著作，渗透着她的恩师蒋广全先生的心血，也展现了王妍本人在传统建筑彩画方面的功底和水平。

中国营造学社的先哲林徽因先生曾指出，中国古建筑的油饰彩画是中国古建筑极具特色的部分。它具有保护木骨、美化建筑、彰显建筑等级和功能三大作用，是中国传统建筑不可分割的重要组成部分。

中国传统建筑的油饰彩画，不仅具备以上三大功能，而且是中华民族宇宙观、价值观在建筑上的体现。尤其传统建筑中的苏式彩画，其绘制题材，不乏人物故事、花鸟鱼虫、自然山水、吉祥图案，是中国先民崇尚自然，师法自然，和天地宇宙融为一体的宇宙观、自然观以及孝敬父母，尊师重教，崇德敬贤，仁、义、礼、智、信等价值观的具体体现，因而在传承弘扬中华优秀传统文化方面更有其独特的表现形式和作用。

党的十八大以来，以习近平同志为核心的党中央提倡道路自信，理论自信，制度自信，文化自信。而中国传统建筑及其彩绘装饰，则承载着丰富的中华优秀传统文化的内容，有待我们去研究、发掘、传承、弘扬。

作为蒋广全先生志同道合的老朋友、老同事，我喜见他的弟子能传承他的事业，在传统建筑彩画领域不断做出新成绩。也希望有更多的年轻人能投身于中华传统建筑文化及技艺传承的事业中来，使祖国五千年的传统建筑文化不断得到发扬光大！

是为序。

马炳坚

2018 年 6 月

前言

我国建筑彩画遗产丰富瑰丽，吸引着一代又一代的彩画工作者投入其中。此次绘制的明代建筑群彩画一百张复原图集结成书，重点突出对具体纹饰设计，对颜料制取运用和对工艺操作的工具、手法顺序的研究。彩画的颜材料、工艺、纹饰这些内容不仅是工程需要，研究教学也需要。因此本书对工程实践和研究教学都具有一定参考价值。

早年“中国营造学社”所做的大量基础工作就是测绘并复原古建筑，但那时对彩画及其纹饰的测绘相对较少，主要是针对建筑物木构方面的测绘。我绘制本彩画图集是受老一辈彩画专家研究方法的启发。

明清彩画的纹饰画法已很成熟，除了部分细部的写实性绘画部位以外，绝大部分实际纹饰都可以和施工蓝图一一对应。这样将彩画的施工蓝图直接应用于起谱子就成为可能，解决了以往建筑彩画施工设计只有文字要求而没有完整的施工图纸的困难。现今所做的建筑彩画施工图均可做到 1∶1 彩画谱子深度，也有彩画施工蓝图直接应用于彩画施工起扎谱子的工程实例。因为这样直接把控住了彩画纹饰这一彩画施工中最重要的环节，就确保了纹饰的正确性和完整性。这对设计方全面指导把控彩画施工质量是一个根本的提高。一改以往因彩画设计只流于文字叙述，施工人员无法依据设计图纸起谱子的尴尬，扭转了施工方不顾设计要求随意起谱子的错误做法。这也是本书对彩画施工的意义所在。作为不可移动的优秀文物建筑彩画，虽然没有像书画一样陈列在博物馆被悉心呵护仔细欣赏，但其艺术成就和文物价值丝毫不逊色于在博物馆展出的书画。以前的彩画小样受画幅限制，仅是绘制单条建筑构件局部纹饰，无法展现建筑彩画全貌，本书复原了智化寺建筑群整体明代建筑彩画群像，对类似工程施工将有重要参考作用。

本书的出版不只是本人多年来从事古建彩画工作的阶段性成果，更是为了不辜负恩师蒋广全先生一直以来的悉心指导和期望，也是对马炳坚先生以及给予彩画研究工作倾力支持的人们的最好回报。在此向恩师蒋广全先生、前辈马炳坚先生以及家人、友人一并致谢！

望本书的出版对燃起人们对本民族艺术及传统建筑彩画的热情，使更多的人认识并了解重视建筑彩画艺术有所帮助。

王妍

2017 年 9 月 16 日

于王妍传统建筑彩画设计工作室

2018年1月30日，恩师蒋广全先生不幸辞世。恩师是一代杰出的古建筑彩画大师，也是一名在传统文化熏陶中成长起来的哲匠。恩师做事认真，传道受业严谨，对家人友人充满宽容与仁爱。至今回忆起与恩师相处的点点滴滴，他的音容笑貌犹在眼前，每每忆起与恩师过往的种种情境，仍然悲由心生！

我毕业后一直从事古建筑设计，一次偶然的机会，我的一张影壁砖雕的手绘图被马炳坚所长无意中看到。因为有手头功夫又有古建设计基础，我便被马老师推荐给蒋老师学习彩画设计，至此我便与古建筑彩画大师蒋广全老师结下了多年的师徒缘。

古建筑彩画教育在我国的师资力量极其缺失，无论本硕阶段的学校还是在设计单位，都难以配备得上相应的课程和专业技术人员。严谨的古建筑修缮工程和传统建筑设计工程又必须要有专业的彩画工程设计图纸才能完整地指导施工，这样一来设计所里的彩画工程设计就成了一个必要的专业岗位。因为蒋老师年迈，彩画工程设计任务往往又比较繁重，所以自马老师向蒋老师力荐我学习彩画开始，我便成了所里唯一有幸接班彩画岗位的设计人员，由蒋老师指导做彩画工程设计。

老师生活上是个慈祥的长者，但对工作非常谨慎认真。还记得我第一次到蒋老师家，见我来取图纸，他拿出了早已准备好的彩画设计图纸，摊展开让我在他的书桌前坐下来慢慢看，看我能不能看得明白，能不能提出问题。这是他老人家刚刚亲手画完的，我能看得出每笔都透着坚毅与大师多年的功力，起初的我只是像看天书一样分析着每条线的理由，艰难地想象着号色的数字与颜色转换后是什么效果。自那以后，我就这样在蒋老师的指导下开始了我的古建筑彩画学习。几年下来各种彩画工程遇到的问题都需要去求教老师的专业意见和指导设计，而今去老师家的路已熟悉得连路边的一草一木都历历在目。

在得知我生下小孩之后，老师送给我各种幼儿图书、玩具，还送了我一辆婴儿车，这让我心里十分忐忑——作为弟子，没给师傅送什么像样的礼物，却让老师送来了一大堆急需的东西……只有将彩画技艺学好才能略微报答这份深厚的师恩了。

老师对设计图要求也总是很严格，即便图纸绘制的工作量大也并不会假手于人，起初我并不明白。但现在已经独立做彩画设计的我完全能理解到老师那时的顾虑和别人插不上手的原因了。绘制彩画图的规矩太多了，每一笔的位置、长短、粗细、曲度，都是有说法、有规矩的。后来当我在老师的指导下完成了一个又一个的工程后，也逐步了解到了各类彩画设计的方法要点，为了提高工作效率，电脑制图渐渐代替了大部分的手绘图。这种技艺的成长和纯熟，是很会让教与学的人都倍感愉悦的。

我第一次给老师看我用电脑画的完整的建筑彩画设计立面时，老师的开心是我之前鲜有见到的。我每次最开心的就是当我打开自己新画的图纸时，看到老师脸上抑制不住的笑容。

几年学习下来，我在明清古建彩画工程项目中的设计成果得到了蒋老师和马老师的肯定。特别荣幸的是，2014 年 3 月 18 日我正式拜蒋广全老师为师，成为嫡传弟子了。拜师会还荣幸地请到了马炳坚老师主持。蒋老师常说古建筑原迹上的优秀彩画实物，看了会让人爱不释手。老师对建筑彩画艺术的热爱一直是他坚持的动力，有更多的年轻人愿意学习彩画，去了解这门工程艺术，是老师非常欣慰看到的事。自正式拜师以后，我去老师家求教的时候就更多了，期间不断接触到更多的古建彩画技艺。

后来蒋老师出版了他的第二本著作《中国清代官式建筑彩画图集》。我有幸协助老师完成书中的图文整理工作，也是在那几年里我对彩画的设计有了更深刻的理解和体会。

老师入院前两天，我像平日一样到老师家向老师汇报工作上的事，但之后老师又不同以往地说了很多工作以外的事。他对我说你出师了，可以自己带队伍去做彩画工程了，就像是在嘱咐着什么，也让我感觉到老师今天有些累，和往常不太一样，起初我以为是近期家里的事让他劳心，但后来觉得多数应该是身体上的不适。我走的时候老师还亲自送我到他家门口，那也是我最后一次与老师长谈了……两天后，我难过地得到了老师因血栓旧患复发住院的消息，老师的这次发病很严重，直接影响到了他的语言和行动，这突如其来的噩耗让我悲痛不已。

几个月后，我最后一次看到恩师那种笑容时，是他老人家已经在病床上了，我拿着这本《明代官式建筑彩画——明智化寺彩画实录》的样书在病床前一页一页翻给老师看时，老师虽然很虚弱且因血栓已无法说话，但依旧欣慰到笑得像个孩子。那时我觉得多年一切坚持做的事都很值了。可惜四个月后老师还是没能看到我的这本小册子出版就先走了。

老师离开的那天，我一直陪在老师病床旁边，老师因病痛多在昏睡，醒时也能看到床边的我和师娘。师娘跟我说了很多老师以往的经历，老师因工作也走了很多地方，期间不免有种种辛苦和劳累，因工作而忽略了自己的身体和对家人的照顾，但师娘还是一直默默地支持着老师坚持了一生的建筑彩画事业，并引以为豪。我不禁感慨人生短暂，但老师的一生却也是让人敬重且耀眼的。

逝者已矣，唯有把师傅传下来的古建筑彩画技术发扬光大，并使之传承下去，才是对先师最好的纪念。这本《明代官式建筑彩画——明智化寺彩画实录》算是对之前所学的一个小结，谨以此，作为拙徒菲薄的祭礼，辄天界与人世间，皆可得见！

王妍

2018 年 6 月 2 日

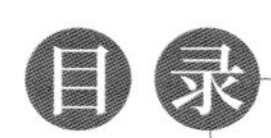

目录

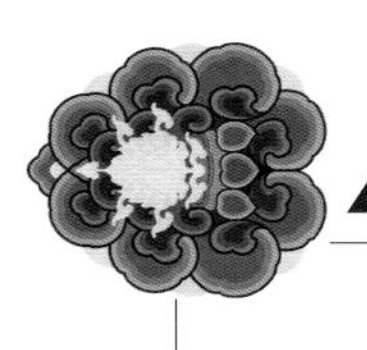

第一章　明代智化寺建筑彩画沿革和历史综述

一、智化寺及其建筑彩画

（一）智化寺及其彩画的年代、特点及价值

智化寺位于北京市东城区禄米仓东口路北，最初是明初明英宗朱祁镇的司礼太监王振住宅侧面的家庙。建造竣工于明朝正统九年（1444 年）三月初一，至今其建筑彩画依然部分较好地保留着明代初始时期的原作，实属难能可贵。我国自北宋元符三年（1100 年）李诫奉敕编《营造法式》，至清雍正十二年（1734 年）钦定颁布工部《工程做法》，元明两代没有留下什么建筑规范，要想研究这一时期的建筑彩画，只能求助实物考证。

北京的故宫以及几个敕建寺庙和十三陵等几处有很少量没有因朝代更迭所毁的明代官式彩画遗存。青海省乐都县瞿昙寺、湖北省武当山金殿等处也保留少量明代官式彩画。就目前发现的明代彩画遗存实物中，北京智化寺建筑群内檐（室内）彩画是保存最完整的明代早期官式彩画，其彩画等级较全，确实可信。智化寺彩画为实物极少的明代彩画研究提供了极其宝贵的实物典范。

（二）智化寺彩画至今没有详尽资料和研究成果

1958 年，古代建筑修整所最早组织绘制了智化寺的彩画纹饰，出版过一部《中国建筑彩画图案》（明式彩画），其中三张为智化寺的单条木构件彩画纹饰图，两张为天花图。作为最早研究智化寺明代彩画图案的出版物，一直以来它对建筑界和彩画界来说都是一部难得的资料。而后在智化寺彩画和其他建筑明代彩画纹饰研究方面，也仅绘制了部分局部构件的彩画，没有系统地出版过明代完整等级、完整建筑群的彩画纹饰资料，以至没有研究成果明晰绘制出明代在建筑群中怎样对应不同彩画等级，不同等级彩画对应着怎样的纹饰特征，没有研究成果可以直接指导明式彩画工程，没有表现明代彩画较全等级纹饰色彩的资料。为了填补明代彩画资料匮乏的现状，本人决定绘制一套较完整等级的明代彩画纹饰图册，为明代彩画研究提供详实的纹饰色彩资料，故对智化寺明代官式建筑彩画这一民族艺术遗产开展了系列绘制研究工作。

传统建筑彩画是一个整体，从小的方面来讲，一个要绘制彩画的建筑构件无论木构件大小，每个外露面都要绘制合乎其构件规制的彩画。每个构件画什么、怎么画、用什么画都有若干规矩。建筑构件上绘制彩画的部位包含了桁、檩、枋、梁、斗栱、椽子、垫板、天花以及内外装修等。从大的方面来讲，建筑的功能、服务对象、制式、等级、群体位置关系，以至于东西南北地域、朝代等，都与彩画的绘制有着一一对应的匹配关系，无论哪一个前提条件改变，彩画的纹饰、工艺、色彩也会随之有相应的改变。除此之外，对于整体建筑而言，外装饰除了彩画，还有油饰的材料、颜色和做法，以及内墙、外墙刷饰的材料、颜色和做法，这些都与彩画对应匹配。可以说彩画在工程技术方面所包含的内容是一个庞大的知识体系。

为保留详实资料，并研究完整建筑群下明代官式彩画的表达方式。本人近年前后十几次往返，对智化寺彩画作了详尽调查，仔细整理，并在恩师蒋广全先生指导下写成《明代官式建筑彩画——明智化寺彩画实录》一书，旨在把勘察到的智化寺明代早期建筑彩画纹饰、颜料、工艺公诸于世，推动社会对明式彩画的研究兴趣。

本书是以北京智化寺明代初始绘制的彩画为研究对象，通过对建筑及彩画进行大量的勘察测绘，以整体复原明代建筑彩画为核心的研究成果，还包括对颜料材料、手法工艺、结构纹饰的系列研究工作。智化寺建筑群现存共十几个单体建筑，大部分内檐初始绘制的彩画皆依循明代旧制，但山门为石作无彩画，大悲堂为清代彩画，若干附属耳房建筑的现状仅为后代重做的椽柁头刷饰，因此这里均不作详述。本书重点绘制研究的为七座建筑：如来殿、万佛阁、智化殿、大智殿、藏殿、智化门、钟楼、鼓楼。其中一栋二层建筑一层匾额为如来殿，二层匾额为万佛阁。钟楼同鼓楼主体建筑彩画一致，大智殿同藏殿主体建筑彩画一致。因此本书中共绘制有五座建筑的彩画（图 1–1）。

本书的核心内容是一百张测绘复原的智化寺明代彩画图，主要基于两个方面考虑：一方面是为当今设计明代官式建筑彩画工程做施工起谱子（谱子是直接应用于彩画施工的 1∶1 纹饰线图）的参考资料——希望本书能成为一本普通彩画设计施工人员看得懂、用得上、离不开的实用明代彩画谱子工具书，更希望能抛砖引玉，带动广大传统技艺爱好者、学者从彩画实物出发，像早年营造学社那样自诩“画建筑测绘图集是笨人下的笨功夫”那样，积极勘察彩画实物，深研传统纹饰，出更高质量高水平的彩画谱子图册，最终把彩画科研成果直接应用于实际工程设计与施工；另一方面，为了看清彩画之前走的路，摸索彩画未来发展的路——彩画的根发掘得越深，彩画未来的路才会走得更远更宽，一定的法式规矩是彩画创作必须的，在法式下合乎美学的创新，这样平衡着收与放，才会有可能出精品。所有这些对法式的研究和对工艺技术材料的探讨，都是为了给今天的设计师提供传统建筑装饰艺术设计的途径，并且探讨彩画设计要遵循哪些基本的规矩框架，怎样求变求新，以及发掘彩画在传统法式下的创作空间。

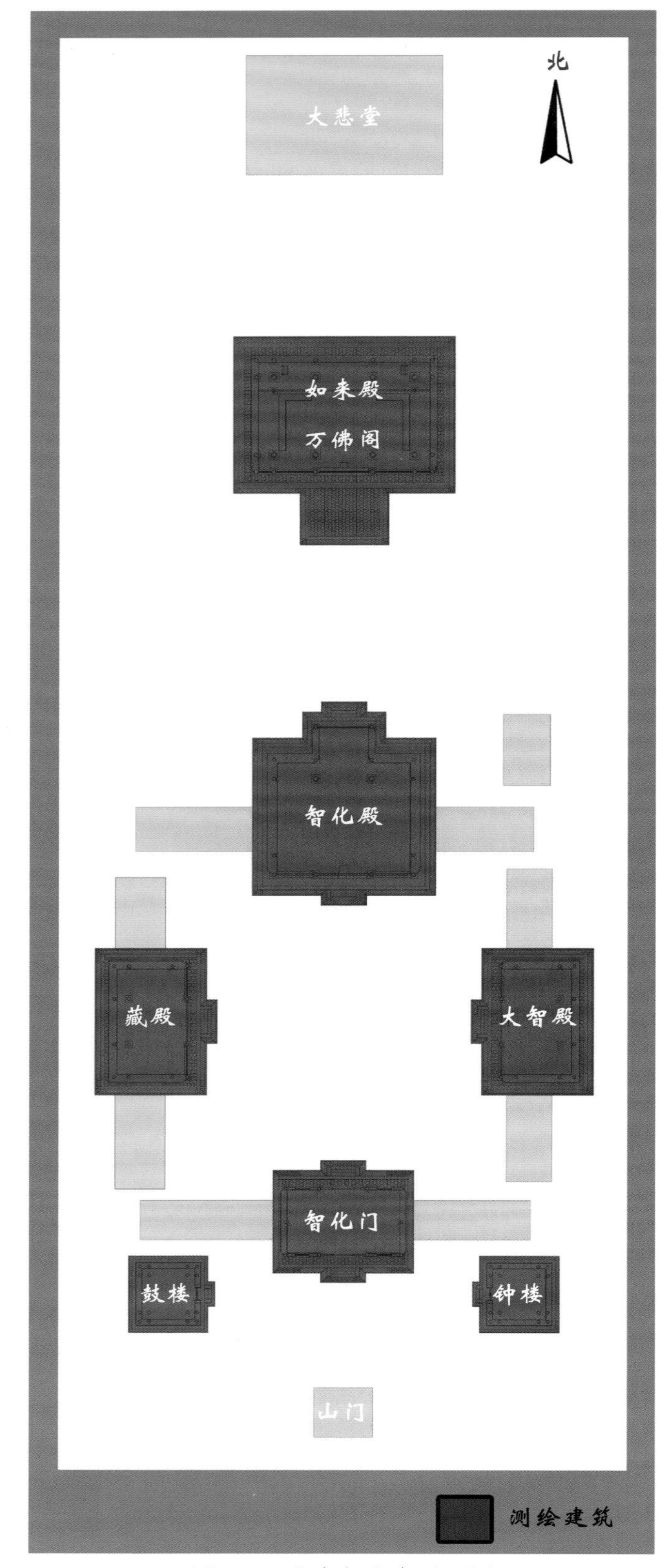

图 1–1　北京智化寺平面图

二、建筑彩画的历史简述

我国传统建筑装饰艺术——彩画约产生于新石器时代晚期，至今已绵延四五千年。[1] 随着社会生产力的发展和人们生活质量的提高，彩画一直不断发展变化着。它从最初以保护木构为目的，到后代以宣示等级、装饰建筑为目的，从最初的简单几何线条到后代出现的绚丽的团花、旋花，从最初张扬直白的黄金屋、天然宝石镶嵌到后代精工隐喻的碾玉贴金，彩画随朝代更迭发生着各种变化，在我国历朝历代都得到了高度重视。

彩画色彩上从早年的暖色主导到元明清冷色主导，纹饰上从繁复细碎到简洁凝练，颜料上从用珍贵的矿物、动植物颜料到清晚没落时用廉价进口化工颜料，艺术风格上更是饱含了不同民族统治碰撞下艺术交流融合的丰富信息，彩画的盛衰随着国运的变化而起伏变化。几千年来勤劳朴实的劳苦大众对生活的美好憧憬以绘画的形式高度体现在建筑上。于是才有了我们现在所看到的中国历代绚烂无比的彩画艺术。

彩画虽然绚烂华丽，但因其自身多依附于木构建筑，所以难以长久保存。随着建筑的破败重建，彩画也会随之消失或重绘。所以目前人们见到较早的彩画实物是清代晚期和民国以后的彩画，因为那是我国彩画距今最近的时代，实物存世较多。可无奈清晚期到民国，无论是彩画的纹饰还是绘制水平都远不如清早中期乃至清以前。尤其是人们如今见到的大多是当下绘制的彩画，部分文物彩画修缮工程和新建彩画工程为了低价竞标，提倡所谓的“低成本”，造成彩画工程质量下降。这种现象对建筑彩画的传承与发展是极为不利的。

三、明代建筑彩画的沿革及传承

明代从 1368—1644 年共 276 年，是汉民族统治时期，《大明会典》中有“明代立国，事事皆上仿唐宋”。[2] 自古也有“明承宋制”的说法，是崇尚汉民族艺术审美为主导的一段时期。

明代智化寺彩画是在前朝彩画的基础上发展演变而来的，彩画的施晕、纹饰多承袭于宋、元，与《营造法式》中的彩画图样有很多相似之处。元、清是少数民族统治时期，文化的各种载体如建筑、绘画、服饰、器物等，都受统治民族审美的影响。举例来说，元、清少数民族统治下的官式建筑彩画细部纹饰较多，这与少数民族地方彩画细部纹饰多有直接关系。清代又大量吸收了西方油画绘法和元素在彩画中，彩画逐步变得西化和多元化。与元、清彩画相对比，在汉人统治下的明代艺术家更心向中原，建筑彩画艺术则更有原汁原味的传统意韵，素雅大气、深沉柔和。

明末以前，艺术是不分阶级的，实用艺术同书画一样重要，被高度重视着。明代国力在历史上较兴盛，曾大兴土木，但明代彩画却也仅是少数朝廷重要高官的庙宅才能画，明代《舆服志》记载：“明初禁官民房屋，不许雕古帝后圣贤人物，及日、月、龙凤、狻猊、麒麟、犀、象之形。”[3] 明朝还规定了普通官员百姓建筑不允许绘彩画。彩画绘制者的社会地位非常高，无论是壁画还是建筑彩画，通常是由当时同一批顶级宫廷艺术大师创作并绘制完成的。虽然明代官式彩画仅为单一的旋子彩画类型，但旋子造型极具活力，彩画从绘制、色彩运用到即兴创作的水平都非常高。明代彩画代表的是当时中原地区顶级艺术家的绘画水平，反映了当时艺术家主导的生活情趣和审美方向。

中国艺术家与彩画的分离，是从明末董其昌(1555—1636 年)的文人画理论主导画坛才开始的。明末以后，由于艺术有了阶级，人文画的地位被抬高，实用类绘画的地位被降低。彩画的绘制者由之前明代高高在上的宫廷画师，换成了清代社会底层苦于温饱的画工，绘画水平也因绘制者社会地位待遇的降低而倒退。所以清代早期彩画用“模式化、口诀化、精工艺、多种类、多品级”限制彩画即兴创作的空间，通过把控谱子质量并突出熟练画工的作用来弥补与明代彩画创作和绘制水平的差距，以便扩大彩画服务对象的受众面，提高彩画工程效率。清代《大清会典》记载：“顺治九年定亲王府正门殿寝凡有正屋正楼门柱均红青油饰，梁栋贴金，绘五爪金龙及各色花草凡房庑楼屋均丹楹朱户，其府库廪厨及祇候各执事房屋，随宜建置门柱黑油。公侯以下官民房屋梁栋许画五彩杂花，柱用素油，门用黑饰，官员住屋，中梁贴金，余不得擅用。”[4] 这样就放开了公侯以下的普通官民建筑也可绘中低等级的彩画。作为清彩画的前身，明彩画有着极好的艺术基因，为清早中期彩画推广普及，攀登更高实用艺术标准奠定了基石。总体来说，明末之前的明彩画出现了很多更高绘制水平，高造型能力，极具艺术生命力、感染力的彩画精品。

四、智化寺彩画的历史价值、艺术价值

智化寺虽坐落于北京，历经过明清朝代更迭，其建筑室内的木构上却依然保留着初始时绘制的明早期官式彩画，没有被替换成清式彩画，实属难能可贵。故宫等位于北京的原本全部绘有明代彩画的建筑，因清政府政治需求基本上都被清代彩画替换了，目前不要说北京，连全国都很少有完整的明彩画存世，更不要说像智化寺那样保存较完好并且还有着完整等级类型的明彩画。智化寺明代早期初始绘制的彩画原作，作为不可移动文物建筑上难得保留下来的建筑装饰艺术珍品，虽然未被像可移动文物书画器皿那样悉心呵护着珍藏陈列在博物馆，但这冷落丝毫不会掩盖它固有的极高的文物价值。智化寺明代彩画对建筑界、美术界来讲都是极珍贵的民族遗产、文化遗产、艺术遗产，具有很高的文化价值、科研价值、历史价值、艺术价值。虽历经近六百年的世事沧桑风雨侵蚀，但颜色依然鲜妍明丽，纹饰依然华丽饱满，不论在纹饰设计上还是颜色运用上，都具有极高的艺术水平，充分展现了明代彩画艺术家的聪明智慧和高超的创作才能。它不但是我国建筑艺术中一份值得珍视的遗产，更是为彩画未来的创作研究提供了极为丰富宝贵的资料，堪称是一座不朽的艺术丰碑。

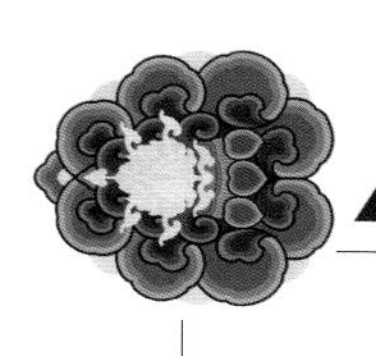

第二章 智化寺明代官式彩画的纹饰

一、智化寺彩画的等级差别

根据《大明会典》卷之一百八十一，亲王府制记载：

“洪武四年定……王宫……正门、前后殿、四门、城楼，饰以青绿点金，廊房饰以青黑。四门、正门，以红漆金涂铜钉。”[2]

根据《大明会典》卷之六十二，房屋器用等第记载：

“凡房屋。

洪武二十六年定官员盖造房屋。並不许……绘画藻井。

公侯……梁栋斗栱檐角，用彩色绘饰……门用金漆。窗枋柱用金漆、或黑油饰。

一品二品……梁栋斗栱檐角，用青碧绘饰……门用绿油。

三品至五品……梁栋檐角，用青碧绘饰……门用黑油。

六品至九品……梁栋止用土黄、粉青刷饰……黑门。

庶民所居房舍……不许用斗栱、及彩色装饰。”[2]

从明代史料中可以看到明代彩画几个等级的提法：“彩色绘饰”“青绿点金”“青碧绘饰”“青黑刷饰”“土黄刷饰”“粉青刷饰”。[2] 由史料载述再根据遗存实物勘察，可分析出明代官式彩画的类型。

明代官式彩画分为高中低三个等级：“金线点金”“墨线点金”“无金素作”[1]，三个彩画等级在智化寺都有体现（图 2–1）。

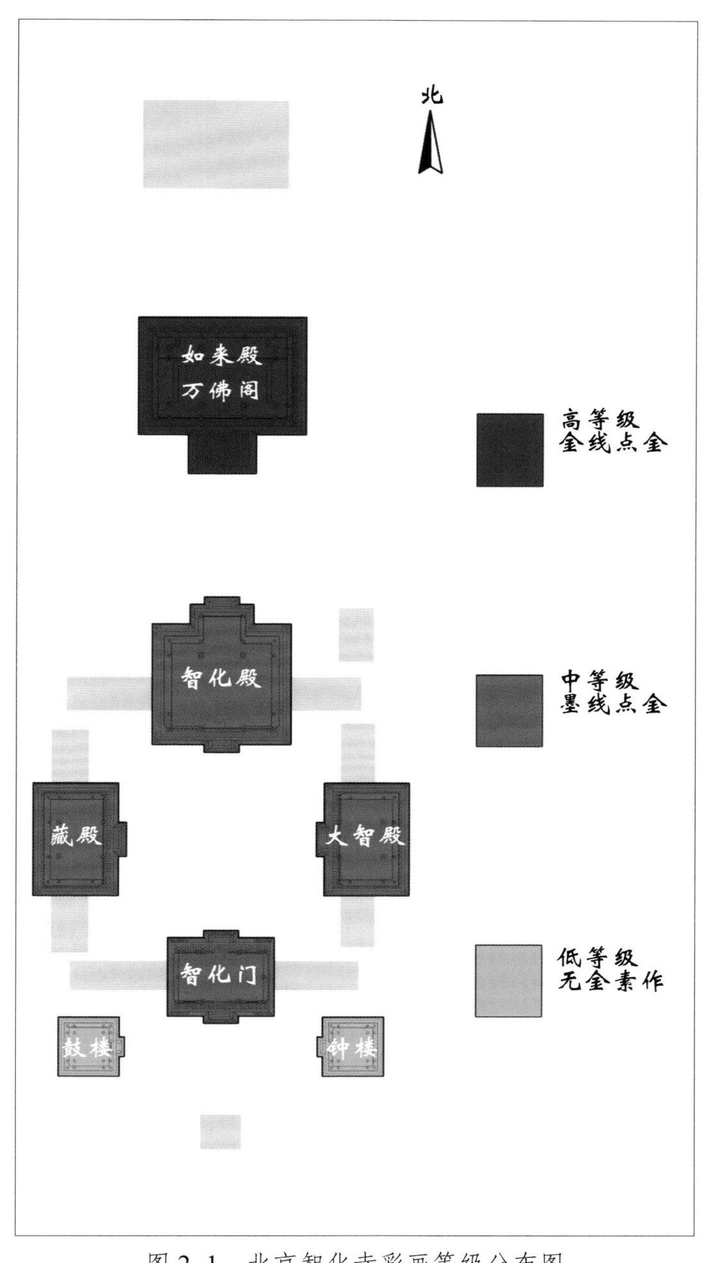

图 2–1　北京智化寺彩画等级分布图

金线点金高等级彩画：如来殿、万佛阁其大木彩画的箍头线、方心线两大线都沥双道粉贴金，写实旋花心部分贴金，最外一层旋瓣部分贴金，盒子内做点金。青绿相间设色三退晕。

墨线点金中等级彩画：智化殿、大智殿、藏殿、智化门其大木彩画的大线和其他纹饰线均为墨线，旋花心部分贴金，盒子内做点金。青绿相间设色三退晕或两退晕。

无金素作低等级彩画：钟楼、鼓楼其大木彩画的大线和其他纹饰线均为墨线，青绿相间设色两退晕。

二、智化寺彩画的纹饰特点

在明代彩画纹饰的研究方面，恩师蒋广全先生在其发表的文章中已有较全面的表述："公元1368年，朱元璋建立明朝，经276年的统治，被清所灭。明、清时期建筑沿着我国古代建筑传统继续发展，获得了不少成就，成为中国古代建筑史上最后一个高峰。明代官式彩画沿袭元代旧制，继续创新发展，它在很多细部纹饰的构成、设色方面都有了很大的发展变化，彩画纹饰构成已开始走向程式化、规范化，比如明旋花已有了画法较统一的'一整两破''勾丝咬''栀花''降魔云'等画法初型；在大木彩画整体构成部位的设置方面，已有了'方心''找头''箍头''盒子'等较统一的规范性画法；在彩画设色方面，已经基本明显趋向了以青、绿色相间为主的设色；在彩画工艺方面，彩画的绘制等级更加精细、多样，明确区分为'金线点金''墨线点金'和'无金素作'三个等级做法；斗栱彩画一改宋、元设置各种细碎花纹方式，统一改为在大色基础上退晕留色老方式；大多大木彩画都要做'退晕'。为了追求彩画柔和效果，彩画很少或不直接用白色，而是通过各种深浅晕色来体现纹饰。这个传统一直延用到了清代初期彩画。"[1]

三、智化寺彩画的图案构成

根据测绘数据分析建筑与彩画的匹配关系见表 2–1：

在测绘过程中，发现了智化寺明代彩画纹饰构成的一系列特征。

结合表 2–1 分析：

1. 彩画等级与智化寺建筑等级高低关系是一致的。

2. 仅盒子内侧有整箍头，主体彩画内侧无整箍头，箍头高宽比约 5∶1，副箍头无黑老。

3. 方心约占彩画主体长度的 2/5，且基本为素方心，仅见如来殿内的藏经橱做片金西番莲方心。

4. 找头内在一整两破旋花中间为了满足方心 2/5 的关系，往往绘制灵活多样的勾丝咬来找补尺寸。

5. 明间若额枋构件不特殊短（不足 4m），则一般绘盒子，盒子高宽比一般约为 5∶3 瘦高。以凤垂瓣、金道观、旋瓣、柿蒂纹等灵活组合。如图 2–2 所示。

6. 平板枋彩画有降魔云（如来殿、万佛阁、智化门、钟楼、鼓楼）、长流水（智化殿）、柿蒂（大智殿、藏殿）。如图 2–3 所示。

7. 建筑脊檩部位绘有反搭包袱彩画，如智化门可见脊檩彩画。如图 2–4 所示。

8. 所有退晕均较宽，除方心或大旋瓣面积较大处会攒大面积老色，其他小面积处晕色与老色宽度基本一致，越浅的晕色会略窄。如图 2–5 所示。

9. 退晕道数与等级、是否贴金、是否旋花心点缀红花瓣和额枋构件高度都无直接关系。较高等级一般退三道晕，较等级低一般退两道晕，退晕运用灵活。如图 2–6 所示。

10. 旋花样式灵活，从低等级的鼓楼到高等级的如来殿万佛阁，其旋花随着建筑和彩画等级的提高呈现逐步绽放的态势，这种高度仿生的艺术做法十分生动有趣。

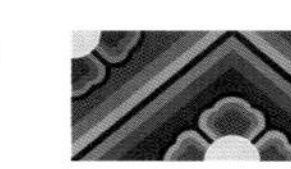

表 2-1　智化寺建筑与彩画匹配关系表

（单位：mm）

	建　筑								彩　画							
项目	类型	斗口	斗栱踩数	柱高	檐柱径	枋高	明间	次间 / 明间比值	明间方心 / 主体	箍头	盒子	找头旋花	找头勾丝咬	平板枋彩画	退晕	彩画等级
钟楼、鼓楼	重檐歇山	60	三	2720	280	300	3990	0.23	40%	无	无				两退晕	低等级：无金素作
智化门	歇山	60	三	3550	320	380	4900	0.714	38%	80			无		两退晕	中等级：墨线点金
大智殿、藏殿	歇山	70	三	3570	320	380	4900	0.714	42%	80			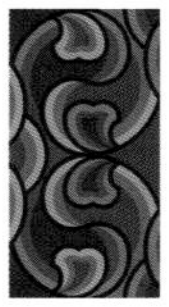	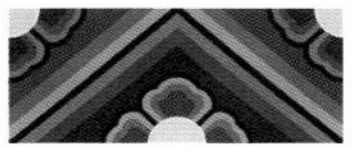	三退晕	中等级：墨线点金
智化殿	歇山	70	五	4000	350	460	5700	0.754	39%	100		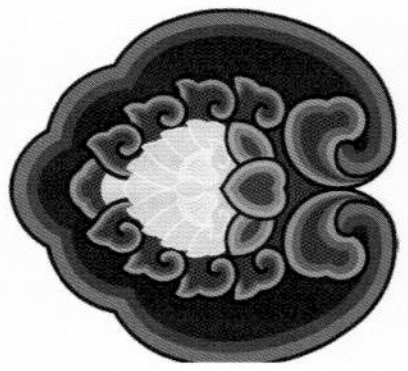			三退晕	中等级：墨线点金
如来殿	重檐庑殿一层	80	五	3500	420	400	5850	0.735	39%	90					三退晕	高等级：金线点金
万佛阁	重檐庑殿二层	80	七	3330	420	450	5850	0.735	39%	90		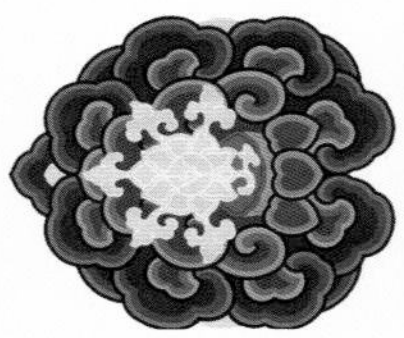			三退晕	高等级：金线点金
万佛阁内檐七架梁	重檐庑殿二层	80	七	3330	420	七架梁高630	5850	—	39%	90			无	无	三退晕	高等级：金线点金

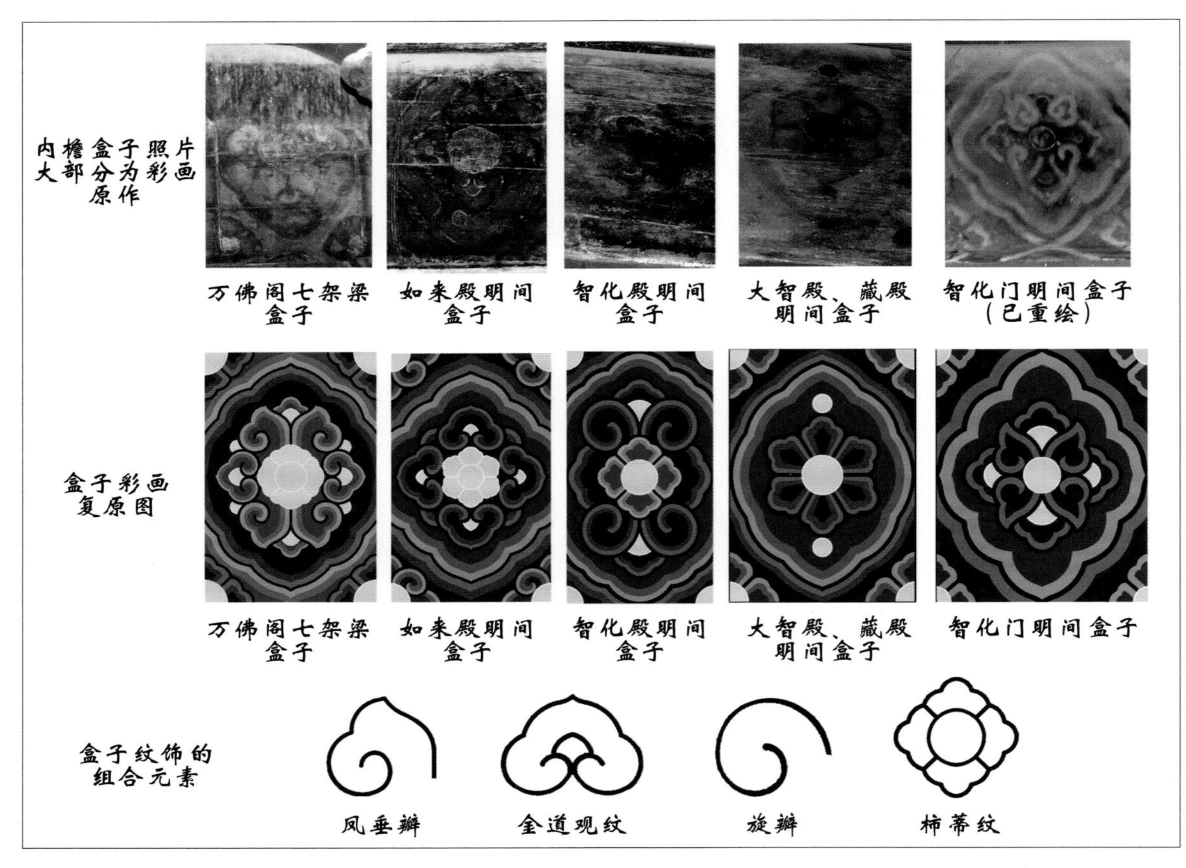

图 2–2　盒子彩画

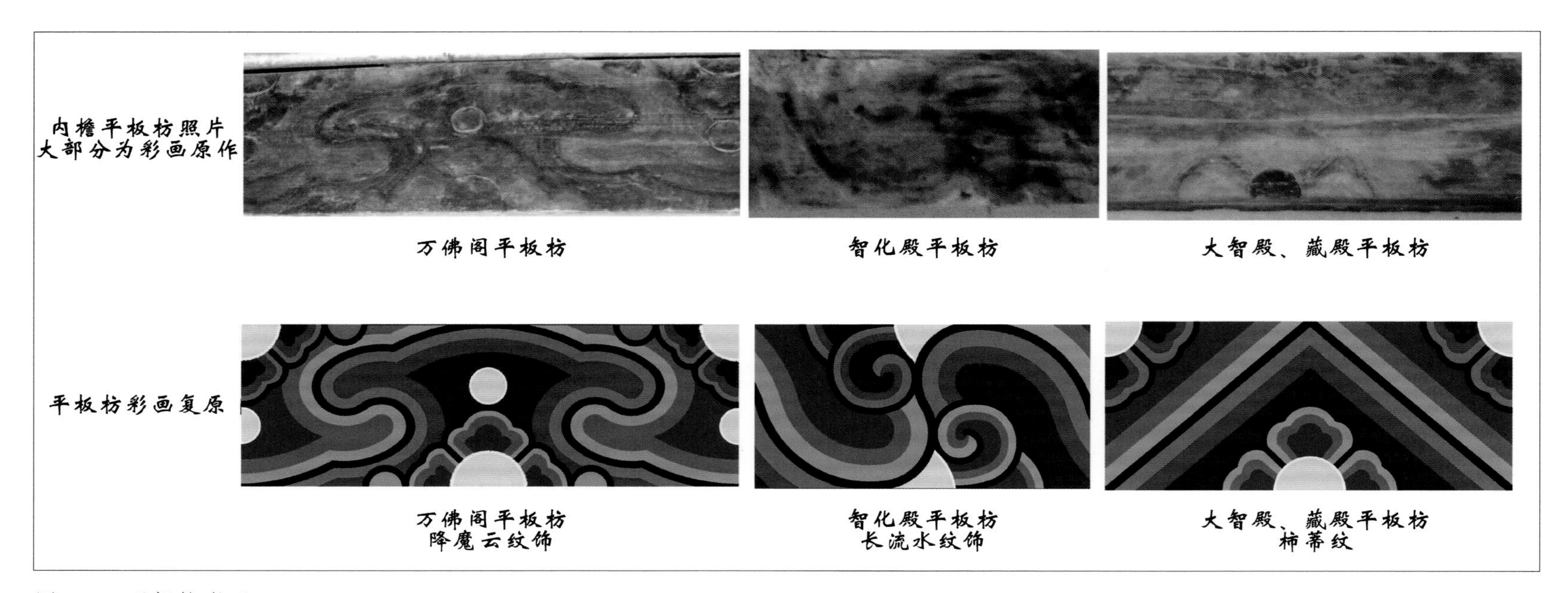

图 2–3　平板枋彩画

图 2-4　智化门脊檩彩画

图 2-5　老色与晕色的宽度关系

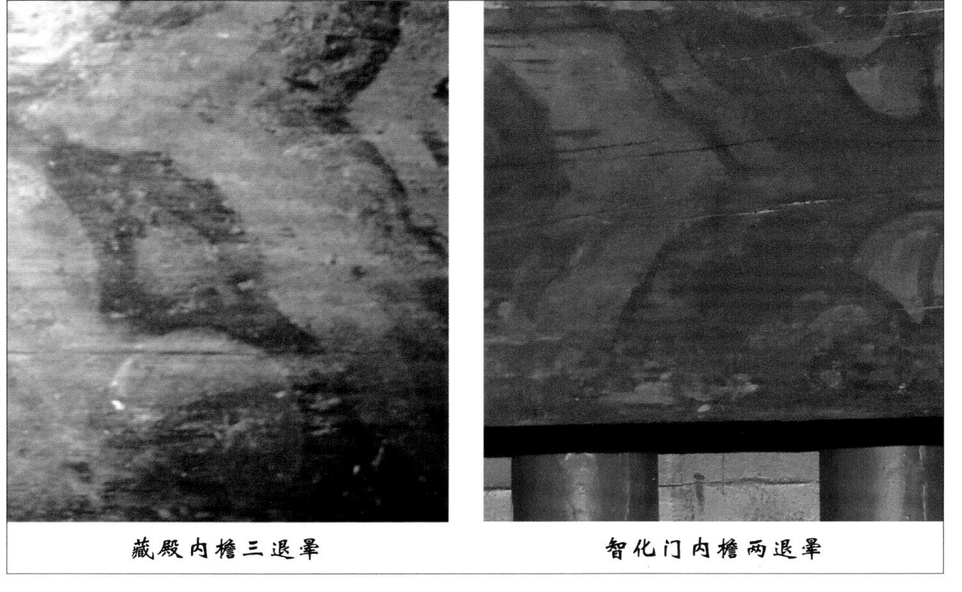

藏殿内檐三退晕　　智化门内檐两退晕

图 2-6　彩画三退晕与两退晕画法比较

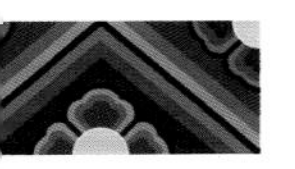

11. 旋花样式分两种类型如图 2–7 所示：

（1）外层绘如意形单线，内罩单层旋瓣或凤垂瓣，最内画旋花心，共两层（一般绘于梁枋底面或桁檩较窄处，但智化殿较宽的明间额枋旋花也是这类做法）。

（2）一般做四层旋瓣，外两层与内两层青绿相间设色。高等级的八个瓣，中低等级的六个瓣。

12. 第二种旋花，高等级（构件高度约 450mm）细部做法：一般在沥粉贴金的旋花心会探出五个金“花蕊”，根部有金托子。旋花心绘于莲蓬座上，莲蓬座始终设绿色。莲蓬下配有三个外翻“心形”红色花瓣点缀。整体旋花呈现完全绽放的态势。

13. 智化寺垫栱板有宝瓶西番莲做法、佛像做法和红色素作三种，由于外檐佛像因历代重绘有改动，所以图集中外檐垫栱板的纹饰复制内檐的宝瓶西番莲纹饰。

这里以万佛阁明间大额枋内檐彩画实测数据为例，详述其具体细部绘制的比例尺寸，如图 2–8 所示。

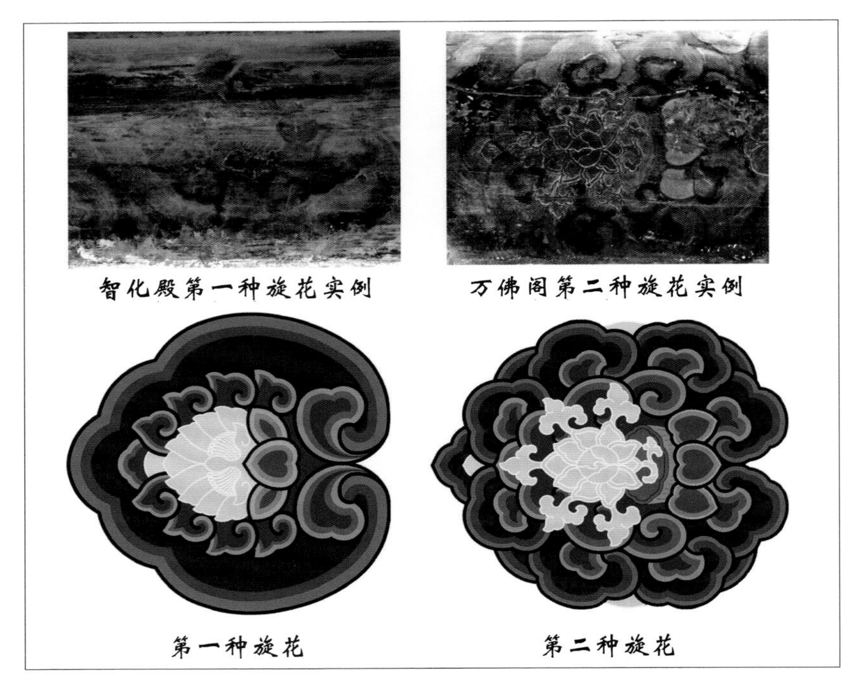

图 2–7　两种旋花样式比较

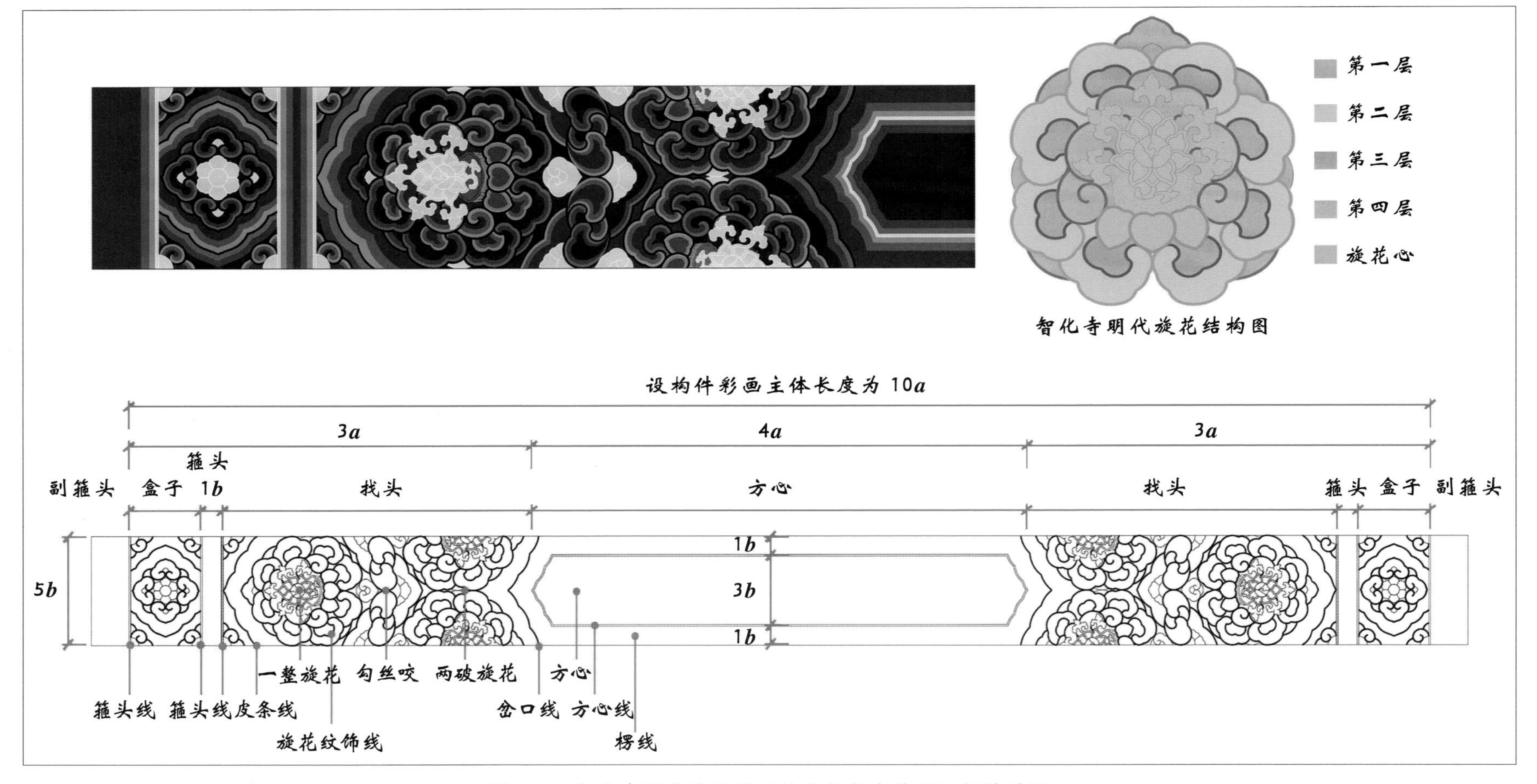

图 2–8　智化寺明代旋子彩画纹饰部位名称及比例关系图

注：较窄构件可不画盒子或勾丝咬，旋花根据构件大小也有简单做法。

1. 额枋构件侧面高为 450mm，额枋构件长为 5500mm。彩画除去两侧副箍头长度，主体彩画长为 5200mm。

2. 单侧旋花找头宽 1200mm，旋花为长椭圆而非正圆。

3. 盒子宽 280mm。

4. 箍头宽 90mm，箍头高 450mm（额枋构件高），为箍头宽的 5 倍。

5. 箍头大线和方心大线沥双粉并于粉道外缘和其内贴金箔，单道沥粉宽 1mm，双道沥粉的外缘以里，贴金处总宽 8mm，其他纹饰墨线宽 5mm。

6. 整体彩画做三退晕，即最里侧攒最深的颜色老色，用大青或大绿，中间拉晕色二青或二绿，最外缘拉浅晕色青华或绿华。

7. 每道晕色均较宽，就方心为例，其大线、晕色、老色的绘制顺序为：

大线：青华：二青：大青：二青：青华：大线，它们的各自宽度约为 8：25：30：150：30：25：8（mm）。

可见两层晕色都比较宽，这都与清代彩画大线内行很细的白色小晕、拉晕色、攒老色，每道色阶所占比例逐步变宽的规矩区别很大。

这些构图的特征样式是在一定的规矩内给了明代高水平的彩画大师很大的灵活发挥空间，出现了很多惊艳的神来之笔。

下面就智化寺一些比较有代表性的彩画实物照片来举例分析。

如来殿、万佛阁绘制依据代表照片如图 2-9 ～图 2-14 所示。

图 2-9　如来殿内檐次间

图 2-10　万佛阁内檐明间

图 2-11　万佛阁内檐明间

图 2-12　如来殿内檐侧面天花

图 2-13　如来殿内檐天花

图 2–14　楼梯内檐天花

分析如来殿、万佛阁彩画：

1. 主体彩画：清晰可见青绿相间三退晕，晕色均较宽，无白，色阶厚度不同，有浮雕般突起的堆积效果，写实旋花心沥粉贴金，并有平涂开墨绿莲蓬座和红色三退晕心形花瓣托金点缀，沥粉和墨线都很细。仅横构件的方心大线、箍头大线做双道沥粉线贴金，其他大线纹旋花饰线宽度一致为墨线。

2. 斗栱：青绿三退晕墨边框栱眼皮朱红色，柱上坐斗为青设色，青绿相间号色向开间中间排列。

3. 垫栱板：做片金宝瓶西番莲，卷草平涂绿开墨线，西番莲做青退晕花心沥粉贴金，边框做朱红地子，绿大边做三退晕开墨线。

4. 盗卖藻井的遗存木边线做云纹木雕浑金做法。

5. 如来殿天花枝条：彩画做片金轱辘青、紫两色两退晕燕尾云。

6. 万佛阁天花枝条：彩画做片金金刚宝杵，青色两退晕燕尾云。

7. 天花：所有同类型天花主要大线及中心主要纹饰一致有共同的谱子，但所有岔角的细部纹饰，玉做卷草西番莲每处都略有变化，纹饰在遵循统一疏密走向排布的前提下，细部应为现场即兴之作。方鼓子外做多道朱红退晕。贴金处有“平金开墨”做法。

图集中智化殿绘制依据代表照片如图 2–15 所示。

分析智化殿彩画：清晰可见青绿相间三退晕，晕色均较宽，写实旋花心沥粉贴金，并有红色三退晕心形花瓣托金点缀，沥粉和墨线都很细。

大智殿、藏殿绘制依据代表照片如图 2–16 所示。

分析大智殿、藏殿彩画：清晰可见青绿相间三退晕，晕色均较宽，旋花心沥粉贴金，沥粉和墨线都很细。

智化门绘制依据代表照片如图 2–17 所示。

分析智化门彩画：清晰可见青绿相间两退晕，晕色较宽，旋花心沥粉贴金，沥粉和墨线都较细。

钟楼、鼓楼绘制依据代表照片如图 2–18 所示。

分析钟楼、鼓楼彩画：清晰可见无金，但有绿色颜料遗存。

图 2-15　智化殿内檐次间

图 2-16　藏殿内檐次间

图 2–17　智化门内檐彻上明彩画

图 2–18　钟楼内檐斗栱

（四）智化寺彩画的艺术特色

智化寺明代彩画等级的体现是通过系列旋花的逐级绽放，高度仿生经艺术再加工凝练纹饰而表达出来的。明代旋花彩画通过青绿相间大色配以少量的红色小色花瓣点缀，加上丰富写实的沥粉贴金旋花心形成了旋花丰富的表现变化。明代彩画所有晕色部分皆无白无黑色彩柔和，绘制得工整均匀，约占主体彩画 40% 略长（清代方心占 1/3）的空方心令彩画构图更加整体，疏密有序，素雅大气。彩画用纯矿物颜料绘制颗粒质感强，颜料厚重形成了浅浮雕的堆塑效果，光照下有着半宝石颗粒所绘彩画特有的矿石镜面的闪烁现象（是化工颜料所没有的），真实巧妙地堆金砌玉，如大师精工传世的黄金宝石镶嵌的首饰般精美华贵别致。

（五）智化寺彩画图版

智化寺建筑群的外檐彩画历经数代数次修缮重绘，纹饰颜料工艺已有很多改动，但其内檐彩画大部分还依然是初始原作。本书中各建筑彩画绘制的原则依据，主要以内檐彩画纹饰为主要参考，若内檐纹饰严重缺失则参考外檐彩画。通过实测研究其纹饰的尺寸比例、晕色做法和纹饰结构特征，将纹饰整理成册。图中为了表达被屋檐遮住的檐椽头、挑檐桁、斗栱、垫栱板等纹饰的完整内容，建筑立面均采用左侧升起的方式表现。书中依据了所能发掘的内檐信息，复原了七座单体建筑整体的建筑彩画面貌共计一百张图，其中有四十二张彩图，五十八张线图。

图版彩画的绘制意义最终是为了彩画更易于被广泛应用于施工，扩大其受众群，从而使其较完整准确地传承并得以发展。彩画并不是一味地因循守旧，破与立，兴与衰，唯变才是彩画生存的根本，也是生命力的延续。只有知道彩画的前世今生，多画多临多思，才会对彩画有一个正确的认识，才会懂得彩画怎样更好地去改、去变、去发展。本书探讨的都是传统，传统颜材料、传统工艺、传统纹饰。当前好的、对的创新就是明天的传统，而昨天不对的做法也不会成为今天的传统。传统是理念初心，是解决问题的原则、方法，而不是具体的物或形。传统在于意，不必纠结于其载体的形状，想不被形束缚，避不开要正面其形，深入其形才可会意，才可结合运用当下的新技术新材料另寻更匹配其意的新的形。

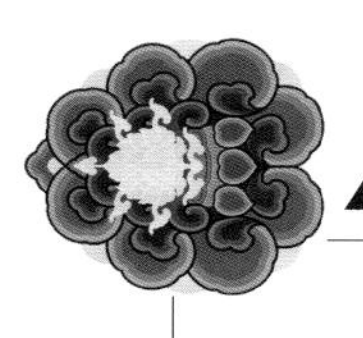

第三章　明清彩画颜料材料的演变

一、彩画青绿大色颜料的成分

因元明清彩画审美的独特性，基本都为青绿冷色，即 90% 以上面积，为青绿两主色。

根据《大明会典》卷之一百九十五，颜料记载：

“洪武二十六年定，凡合用颜料，专设颜料局掌管。淘洗青绿，将见在甲字库石矿，按月计料支出淘洗，分作等第进纳。若烧造银朱，用水银、黄丹、用黑铅、俱一体按月支料……钞法紫粉所用敷多，止用蛤粉苏木染造……

黑铅一斤，烧造黄丹一斤五钱三分三厘

水银一斤，烧造银朱一十四两八分，二朱三两五钱二分

次青碌石矿一斤，淘造净青碌一十一两四钱三分

暗色碌石矿一斤，淘造净石碌一十两八钱七分六厘

蛤粉一斤，染造紫粉一斤一两六钱

(硇) 砂一斤，烧造 (硇) 砂碌一十五两五钱

凡修建颜料。旧例内外宫殿、公廨房屋，该用青碌颜料，俱先行内府甲字等库关支。” [2]

根据史料判断，明代上架彩画及下架油饰所用颜材料主要有：石青、石绿、黄丹、银朱、紫粉、砂绿，从实物勘察，彩画还有很少量的朱砂、石黄。从制取方法上可见青绿颜料是通过物理方法制取的。银朱、黄丹、砂绿是通过化学方法制取的。分析砂绿同清工部《工程做法》提到的锅巴绿很可能都是铜绿。紫粉是苏木浸染蛤粉制取的。“苏木，是染木器用的。” [5] 清代多用来做油饰，如加极少黑矾做内檐装修的仿花梨木色。

通过查阅明代之前的宋代和之后的清代彩画作史料发现：

1. 宋代《营造法式》中关于石青、石绿两矿石色有“大青”“二青”“青华”“大绿”“二绿”“绿华” [6] 的提法。宋代《营造法式》的图版和文字中均无“三青”“三绿”的提法。

2. 清工部《工程做法则例》中关于石青、石绿两矿石色有：“天大青”“天二青”“三青”“大绿”“二绿”“三绿” [7]。清代《宫廷建筑彩画材料则例》中关于石青、石绿两矿石色有：“天大青”“天二青”“大绿”“二绿” [8]。清代《工程做法则例》文字中无“青华”“绿华”的提法。

3. 清代大木合细（和玺）彩画和高等级有晕色的旋子彩画基本只用天大青、大绿、广靛花、锅巴绿，少数用了天二青。分析其大木彩画不用二绿、三青、三绿做晕色，天二青也只是多用于细部主题纹饰的小色，用做晕色的是相对较浅颜色的纯净天大青和大绿。

4. 清代大木雅五墨旋子、苏画和烟琢墨斗栱常用广靛花做主色，不用天大青。反映出当时天大青的珍贵，也

体现了彩画颜料的用法与等级差异的对应关系。

5. 清代大木苏画、天花常用广靛花、大绿、锅巴绿、三青、三绿，基本不用天二青、二绿，仅部分天花会用到天大青。分析三青、三绿主要用于白活和细部主题纹饰。

6. 清代金琢墨斗栱用天大青，烟琢墨斗栱用广靛花，两者都用天二青、大绿、二绿、锅巴绿，不用三青、三绿。分析斗栱晕色不用三青、三绿。

结合明清彩画实物勘察和宋清史料分析得到，同样是石青、石绿矿石颜料研磨成的大青、大绿、二青、二绿，明代颗粒要大于清代。明代较浅色青绿相当于清代头青、头绿，明代最浅青绿相当于清代三青、三绿。分析由于清代彩画细部纹饰多，大色颗粒粗糙不便于绘制细部纹饰，所以清代研磨颗粒较细小。天大青、大绿比明代头青绿颗粒细，颜色较浅，可单独用做晕色。大木彩画以广靛花和锅巴绿为最深色的青绿色颜料，用二者调配天大青和大绿，成较深青绿做大木彩画的大色。这样结合明彩画实物勘察和相关史料分析，明代彩画大色颜料为颗粒比清代大的纯净的石青、石绿，有六种颜色：大青、二青、青华、大绿、二绿、绿华，如图 3-1 所示。

图 3-1　石青石绿原矿石及其研磨的颜料

二、彩画青绿大色颜料的演变

本部分列出青绿两主色从传统矿石颜料到近现代化工颜料的发展演变表，分析其差异优劣，见表 3-1。

“在晋魏以前，是用单色的矿物质为主，单色的植物质为辅。在隋唐以来，植物质、化学制和矿物质搀和着使用。鸦片战争以后，外国化学颜料渐渐大量地进口，到了咸丰初年（1851 年以后），洋蓝（德国制）、洋绿（鸡牌商标，德国制）、洋红（洋红有日本制的，英国、德国制的，种类很多）普遍使用在建筑彩画上，原因是价钱贱。‘洋蓝面’‘鸡牌绿’在建筑彩画上，也代替了石青、石绿。那时只就这方面来说已十足地暴露出半封建、半殖民地的社会经济现象。”[9] 虽说无论是国外的还是国内的，新材料新技术的更新与替换是历史发展的必然，但前提是新材料新技术要在质量环保安全等方面要优于原材料原技术，才是正确的发展之路，而不能仅因为我们的经济落后了才不得不被动地放弃老传统，选择廉价质差高污染的“新材料、新技术”。我国彩画颜料由矿石石青、石绿变成了国外化工颜料洋青、洋绿，就是在那样一个清末战败国运下行民不聊生的被动屈辱的历史下发生的。

1995 年，国家建设部颁布实施了《全国统一房屋修缮工程预算定额》（GYD 601—1995）。定额中错误地规定了重要文物彩画修缮必须使用德国十九世纪生产的化工产品巴黎绿做彩画绿色颜料。这规定无疑违背了 1982 年国家颁布的《中华人民共和国文物保护法》中对文物修缮用原材料的要求。《中华人民共和国文物保护法》第 14 条阐述了古建修缮的原则：“核定为文物保护单位的革命遗址、纪念建筑物、古墓葬、石窟寺、石刻等（包括建筑物的附属物），在进行修缮、保养、迁移的时候，必须遵守不改变文物原状的原则。”[10] 文物原状包含了：原形制、原结构、原材料、原工艺。其中对于彩画来讲原材料就应当包括原颜料。

彩画颜料无论是国内外的化工颜料还是矿物、植物颜料，其中绝大多数都有毒。这毒性也是保护木构建筑，防虫防害所必需的。可是毒性需要有个适度的范围，毒性要环保要安全，不可

表 3-1　中国建筑彩画青绿颜料成分发展演变表

<table>
<tr><th>年代</th><th colspan="6">1840 年鸦片战争以前</th><th colspan="4">1840 年鸦片战争以后</th></tr>
<tr><td>性质</td><td colspan="6">主色为传统矿石动植物天然颜料</td><td colspan="4">主色为近现代化工颜料</td></tr>
<tr><td>朝代</td><td colspan="2">明（早期）</td><td colspan="4">清（早中期）</td><td colspan="2">清（晚期）</td><td colspan="2">1952 年（以后）</td></tr>
<tr><td>颜色</td><td>青</td><td>绿</td><td colspan="2">青</td><td colspan="2">绿</td><td>青</td><td>绿</td><td>青</td><td>绿</td></tr>
<tr><td>物质名称</td><td>石青</td><td>石绿</td><td colspan="2">石青、广靛花</td><td colspan="2">石绿、锅巴绿</td><td rowspan="2">洋青（佛青、云青、群青、普鲁士兰、毛儿蓝）</td><td rowspan="2">洋绿（鸡牌绿、巴黎绿、翠绿或称咯吧绿、禅臣洋绿）</td><td rowspan="2">群青</td><td rowspan="2">巴黎绿</td></tr>
<tr><td>老色、大色（深色）</td><td>大青</td><td>大绿</td><td colspan="2">天大青、广靛花</td><td colspan="2">大绿、锅巴绿</td></tr>
<tr><td>晕色、小色（浅色）</td><td>二青</td><td>二绿</td><td colspan="2">天大青、天二青</td><td colspan="2">大绿、二绿</td><td colspan="4">二青、二绿、三青、三绿（用青绿化工颜料加白色颜料调制成）</td></tr>
<tr><td rowspan="2">浅晕色（最浅色）</td><td rowspan="2">青华</td><td rowspan="2">绿华</td><td>清早期</td><td>清中期</td><td>清早期</td><td>清中期</td><td colspan="4" rowspan="2">直接用白色颜料</td></tr>
<tr><td>三青</td><td>白色颜料</td><td>三绿</td><td>白色颜料</td></tr>
<tr><td>颜料特点</td><td colspan="6">化学性质很稳定，天然有色矿石半宝石光泽，颜色明艳稳重，天然无污染。原矿石国内外产地多，摩氏硬度低，仅为 3.5 ～ 4，易于研磨制成颜料</td><td colspan="4">化学性质大都很不稳定，易褪色。化工色尖锐刺目，尤其是巴黎绿有剧毒，易挥发，毒气对人体危害大，对水体、土壤高度污染</td></tr>
<tr><td>价格（仅供参考）</td><td colspan="6">目前石青（纯净度高的蓝铜矿）原石价格约 360 元 /kg、石绿（纯净度高的孔雀石）原石价格约 55 元 /kg（当今电商零售价，仅供参考）</td><td colspan="4">群青约 16 元 /kg、巴黎绿约 1000 元 /kg（进口剧毒化学物，危害大，需要公安部门备案，当今价格仅供参考）</td></tr>
</table>

以通过空气传播而危害到居者的身体健康。

“巴黎绿学名醋酸铜合亚砷酸铜，化学式 $Cu(C_2H_3O_2)_2\cdot 3Cu(AsO_2)_2$，对酸和碱不稳定，能水解。在空气中与二氧化碳作用生成亚砷酸。经呼吸道吸入或经口摄取，可引起急性的局部反应以及由砷而引起的慢性中毒。作为局部刺激对皮肤及粘膜有损害，有皮炎、结膜炎和上呼吸道炎症等的报告。此外关于全身作用，从二十世纪初期至中期，有慢性砷中毒，尤其是皮肤癌的报告。危险货物编号按《危险货物品名表》属毒害品，编号61009”[11]，可以说巴黎绿不但不适合用做文物彩画修缮，甚至由于危害人体健康，应该严禁应用于人居建筑。可我国自 1952 年天安门彩画大修开始，这种德国进口的偏蓝的剧毒巴黎绿颜料就开始在我国彩画界大量使用，国家重要的文物建筑天安门、太和殿等，也都在用巴黎绿做建筑彩画的绿色颜料。

早年国外的化工颜料是因为价格低廉才被使用的，而当前却因为垄断和彩画行业错误的定额要求“文物彩画必须使用巴黎绿颜料”而价格高涨，约 1000 元 /kg。同样当前纯矿石颜料石青、石绿价格偏高，约 3000 元 /kg。其实这些价格已经远超其真实价值，都是由异常的市场行情导致的。颜料商的矿石颜料石青、石绿主要销售的对象为绘制国画或唐卡等对颜料用量需求极少的买家，并不针对有大量需求的建筑彩画颜料市场供应。针对绘画的矿石颜料石青、石绿市场需求极小，画家也基本按克来买矿石颜料石青、石绿画国画，颜料商的运营成本和销售压力会很大，所以企业为了生存定价普遍很高。其实传统彩画使用的矿石颜料石青、石绿原石矿藏国内外有很多，原矿石并非稀缺，且在当今电商平台上卖的矿石颜料石青、石绿原石零售价：石青（纯净度高的蓝铜矿）约 360 元 /kg，石绿（纯净度高的孔雀石）约 55 元 /kg。若是大量从矿产地买进石青、石绿的原矿蓝铜矿和孔雀石，价格则会更接近其真实价值。

三、彩画在颜料上与其他画种的区别

彩画是国画之母，历史上它们在颜料的原料和制取方面，也是基本相同的。青、绿两大色颜料，都主要是石青、石绿。虽然彩画与国画青、绿原料一致，但在颗粒不同规格的用法方面还是有很大区别的。

彩画主要绘于建筑梁枋上，面积大，施绘质地较宣纸粗糙，矿石颜料颗粒较大，用胶量较多，绘制工具为捻子（图 3-2）。捻子即用粗硬猪鬃做的彩画专用画笔，以便将较重的矿石颗粒醮起，颜料不是画上去的，而基本是堆捻或堆塑上去的。彩画讲究群像造势、祥瑞、庄重、重彩、老辣。

国画多绘于宣纸或锦帛上，施绘表面质地细腻，洁白轻薄，矿石颜料颗粒较小，用胶量比较少，施绘工具为细软的毛笔，要经多道渲染，才能绘出颜色渐变的轻薄效果。国画讲究意韵出尘、静谧、细腻、轻薄、飘逸。

即便彩画和国画都有头青、头绿、二青、二绿、三青、三绿的提法，但其颗粒规格颜色也是不同的。彩画和国画在青、绿矿石颜料颗粒规格的应用，绘制的工具，绘制的手法，绘制的工艺，绘制的内容，以至于追求的艺术效果等多方面都是有很多区别的。所以传统建筑彩画不能用国画的颜料规格、工具、理念等简单套用。

图 3-2 中国传统建筑彩画专用的绘制工具捻子

彩画和唐卡等小画种更是有很多区别。单从颜料来讲，唐卡中使用的青金石、红绿宝石、松石等，在彩画和国画中都是不用的。所以国画和唐卡颜料的成分规格并不适用于彩画。

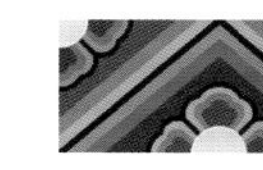

四、彩画青绿大色颜料的制取、规格、用量

石青、石绿颜料原矿石的摩氏硬度为 3.5 或 4，硬度比较低，研磨容易，利用碎石机器可高效率大量研磨制取颜料，且操作简单。建筑彩画矿物颜料的制取，古时多以人力或简单的研磨工具，耗时耗力，所以非常珍贵。现今生产力大幅提高，如果使用不断完善性能的碎石机器，运用正确适当的操作，机器完全可以胜任人工研磨的工作，从而大大提高矿石原料大量制取颜料的可行性。其实早在中华人民共和国成立前就有此做法："为了节省时间，有人还开始使用小型粉碎机来研磨颜料。"[5]

先用机器将大块矿石颗粒研磨成细小颗粒，再将细小颗粒置于水中，由于颗粒大小质量不同，待其沉淀后会自然分层，上小而轻，下大而重，上浅色下深色，这时倾出上层清水干透后分层取用即可。也可利用筛网过筛，规范统一颗粒大小，更便于规范颜色深浅程度。矿石中含有杂质，可利用颜料与杂质密度不同，通过物理方法来去除杂质。所以当今彩画施工方是完全有能力自行大量制取矿石彩画颜料的。

矿石青绿颜料在彩画中的规格和用量见表 3–2，图 3–3 ～图 3–5 所示。

表 3–2 青绿矿石颜料在彩画中的颗粒规格、单位面积的用量、绘制厚度

颜色	矿石颜料名称	对应原矿石名称	色阶深浅	不同色阶名称	矿石产出颜料比例	建筑彩画矿石颜料颗粒规格（单位：目）		矿石颜料单位面积用量（单位：kg/m²）	矿石颜料绘制厚度（单位：mm）
						小于	大于等于		
青	石青	蓝铜矿	深色	大青	2	100	200	2.564	0.8
			浅色	二青	1	200	400	1.894	0.6
			最浅色	青华	3	400	水飞*	0.775	0.4
绿	石绿	孔雀石	深色	大绿	2	100	200	2.556	0.8
			浅色	二绿	1	200	400	1.815	0.6
			最浅色	绿华	3	400	水飞	0.739	0.4

* 水飞：研磨极细的矿石颗粒，会较长时间悬浮于水中。

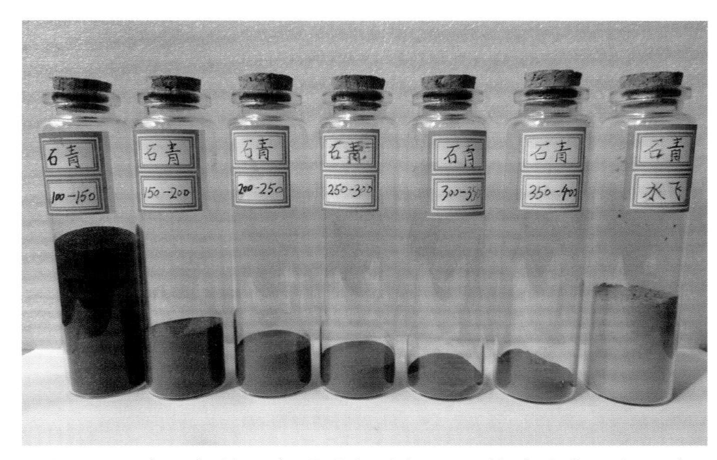

图 3–3 矿石颜料石青（蓝铜矿）、石绿（孔雀石）研磨不同大小颗粒对应色阶图

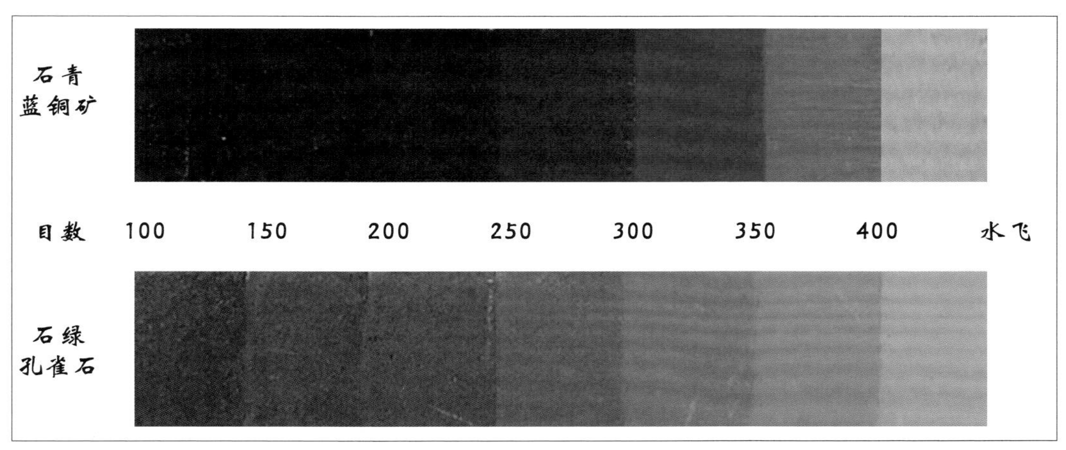

图 3–4 蓝铜矿研磨制取的石青颜料

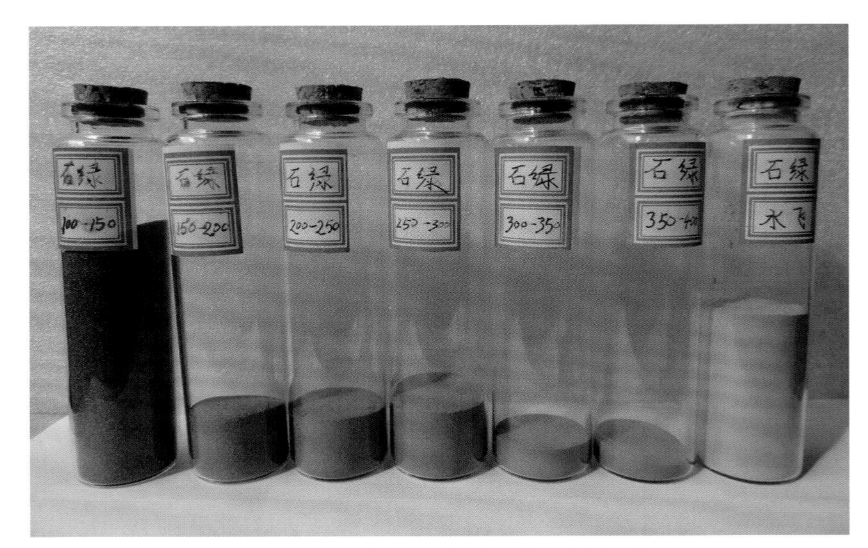

图 3-5　孔雀石研磨制取的石绿颜料

五、胶结材料、油饰材料、内外墙刷饰的演变

颜材料中胶结材料的成分和用法，古今也是有很大区别的。传统我们所用为动物质皮骨胶，即动物的骨皮熬制成胶。这种胶无毒，无污染，有利于矿石发色，更重要的是延年。矿石颜料可反复出胶入胶多次使用，不会造成颜料的浪费。当今的彩画施工用胶，用的大多是化工白乳胶。实践证明不但白乳胶不延年，且颜料无法出胶，混有白乳胶的剩余有毒化工颜料只能大量倾倒，造成土壤和水体的污染，但无奈此法当今正在广泛使用。

智化寺建筑群外檐下架油饰现状为现代化工颜料重做，只有少部分内檐下架为初始二朱红油饰做法。古法为银朱加广红土入漆调制二朱红油，如今用其他成分化工颜料调色的方法仿二朱红，目前的油饰在色相与延年性方面都远不及传统材料。

智化寺外檐刷饰的墙面，现今多为化工氧化铁红涂料，而传统则用天然广红土。智化寺内墙传统做法为墙边大绿刷饰拉红白或黑白线内做包金土，目前内墙现状大多有改动。

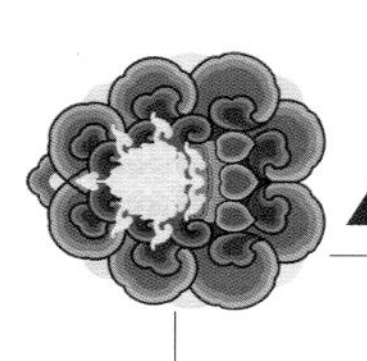

第四章　智化寺明代官式彩画的工艺

一、明清贴金工艺的区别

彩画工艺方面，明代从智化寺的彩画贴金遗存痕迹来看，明代当时做单色金，贴红金工艺，下层包红胶，用的是红色颜料来包胶。

清代早中期则是做两色金，贴红金、黄金工艺，用黄色颜料包需要贴金的位置，称为包黄胶，在贴金工艺方面明代与清代是不同的。

见万佛阁内檐山面额枋贴金处红色遗迹照片（图 4–1）。

图 4–1　万佛阁内檐山面额枋贴金处红色遗迹

二、明清颜料绘制手法的区别

明代使用矿石颜料绘制彩画的手法顺序同以后的清代是有很大区别的。究其原因，勘察后分析是因明代与清代所用颜料的不同，而逐渐改变了其绘制工艺顺序。明彩画的矿石颜料利用其颗粒大小不同产生色阶，颗粒大的色深，颗粒小的色浅，所以深色与浅色之间可清晰看到有阶梯状的颗粒堆积出来的厚度差。由此分析，明彩画是先绘外层较薄的浅色，再绘内层较厚的深色，颜色是并行的，而且每道晕色都比较宽，笔道走向有沿纹饰线走向的绘制痕迹。清代早期彩画比明代彩画颜料颗粒小，清代晚期彩画更是用颗粒极细的化工颜料，其中的浅色是加白粉调制出来的，故可先通刷深色，再在其上绘浅色，颜色叠加，颜色退晕到最浅一道统一改为拉饰白色细线，其宽度陡然变窄，笔道走向是沿整体色块走向（图 4–2）。

三、明清地仗的区别

智化寺建筑绘制彩画的木构件表面平整，所以基本不见地仗或地仗极薄，彩画颜料仅见由于风化作用逐渐变薄，并不见有大面积剥离脱落的现象，不同于清代厚地仗。

四、智化寺发现了明代用“号色”方法施工的实例

号色是一种彩画施工方法，即在绘制彩画的地方，用数字写上要绘制的颜色代号。为了高效便捷地施工，颜色会用数字来代替，如青写成“七”，绿写成“六“，红写成“工”等（图 4–3）。清代的彩画颜色代号表见表 4–1。[8]

笔者通过考察智化寺发现，我国不仅在清代运用了号色的方法施工，早在明代 1444 年彩画就已经运用了号色的方法施工，

明智化寺矿物颜料绘制剖面示意图

青华或绿华（蓝铜矿或孔雀石研磨最小水飞颗粒）

二青或二绿（蓝铜矿或孔雀石研磨较小颗粒颜料）

大青或大绿（蓝铜矿或孔雀石研磨大颗粒颜料）

矿物颜料的施绘方法：先绘浅色晕色，再绘深色老色，不同色阶的颜料是横向并行的关系。

清晚至今化工颜料绘制剖面示意图

白色颜料

三青或三绿（群青或巴黎绿等加白色颜料混合）

青或绿（群青或巴黎绿等，天花或小面积盒子岔角等处会用二青、二绿做底子色）

化工颜料的施绘方法：先刷深色老色，再在其上拉浅色晕色，最后拉白色小晕，不同色阶的颜料是竖向叠加的关系。

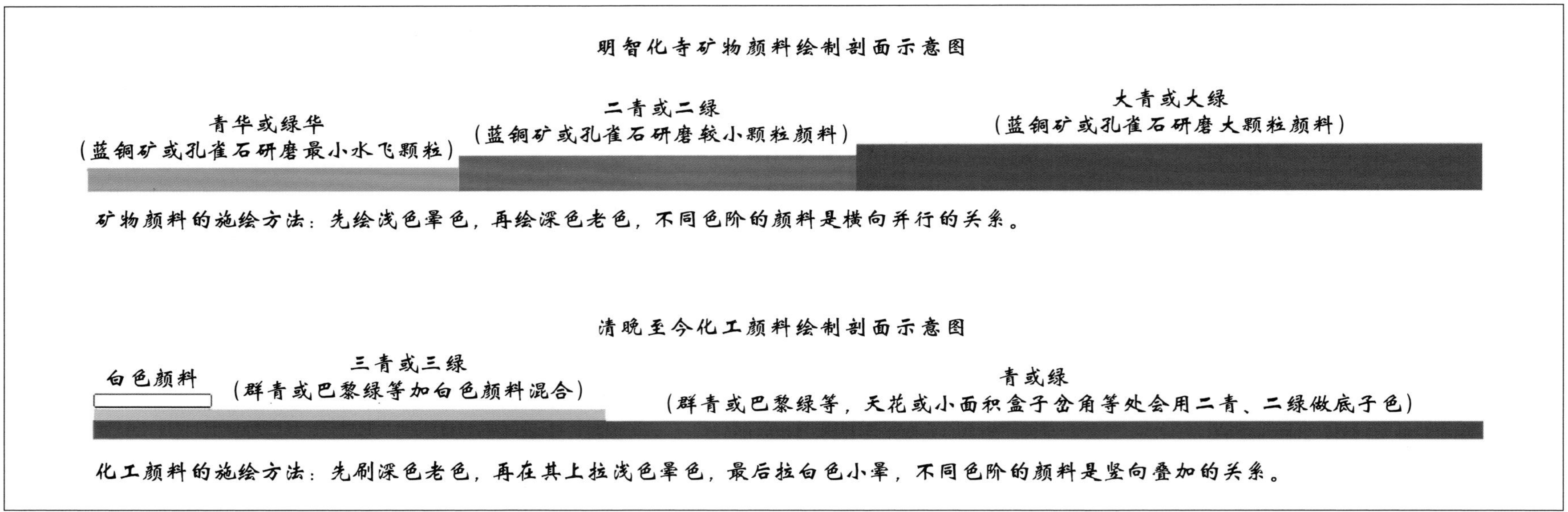

图 4–2　矿物颜料与化工颜料施绘剖面差异图

表 4–1　清代建筑彩画颜色代号表

颜色代号	一	二	三	四	五	六	七	八	九	十	工
颜色名称	米色	淡青	香色	水红	粉紫	绿	青	黄	紫	黑	红
说 明	从一至五间的颜色代号所代表的是彩画的小色，实际标色不经常运用。 六至工之间的颜色代号所代表的是彩画常用的几种主要大色，实际中经常运用。										

如图 4–3 所示，北京智化寺万佛阁内檐东次间彩画，有号色文字“六”“七”“工”等字样，在风化变薄的颜料底层，木构表面，清晰可见。

五、智化寺发现了明代用“平金开墨”工艺的实例

天花的重要贴金部位还发现了“平金开墨”的工艺，更重要细致的贴金处工艺处理上，做的不是常见的沥粉贴金工艺，而是对即兴绘画要求更高的在平贴金上和边缘用色开朱红线，做“平金开墨”，工艺精湛，如图 4–4 所示。

六、智化寺发现了明代用“浑金”工艺的实例

万佛阁与智化殿的藻井 1930 年左右被寺僧私自盗卖给美国人，现藏美国密苏里州堪萨斯城纳尔逊 – 阿特金斯博物馆和美国费城艺术博物馆。两个国宝级藻井均为“浑金”工艺，即在不绘颜色的木雕上做满贴金，如图 4–5 所示。

图 4–4　如来殿内檐天花“平金开墨”工艺

图 4–3　万佛阁内檐东次间号色遗迹“工”“六”

图 4–5　万佛阁内檐“浑金”工艺做法

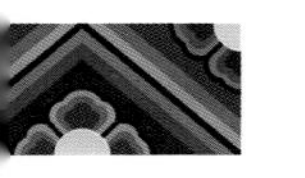

第五章 智化寺明代官式彩画的图版

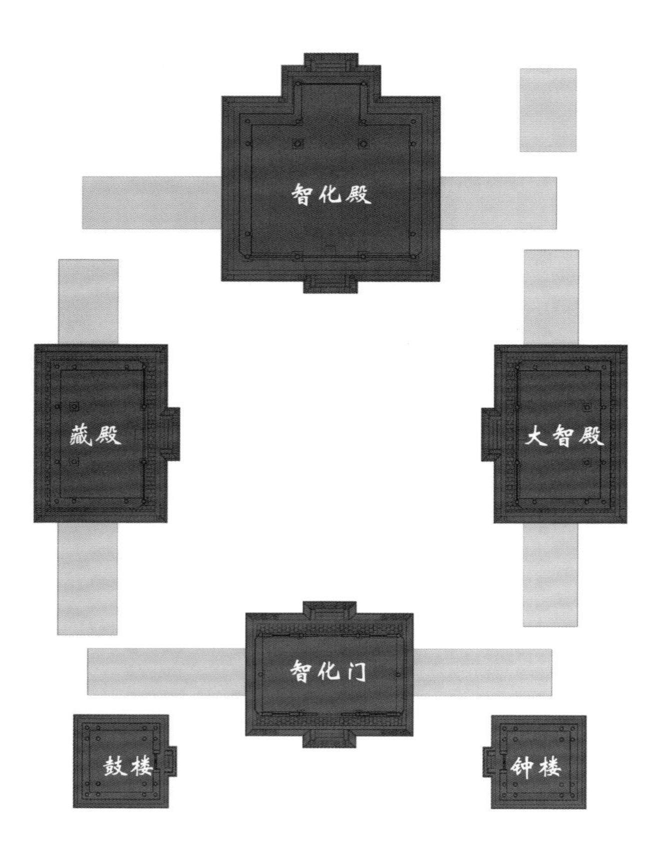

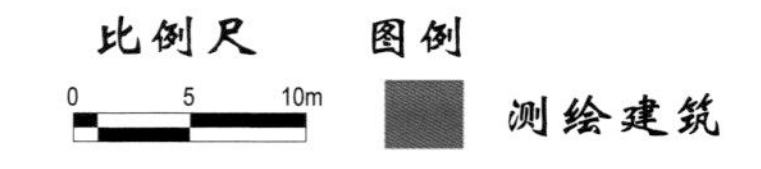

北京智化寺平面图（彩图）

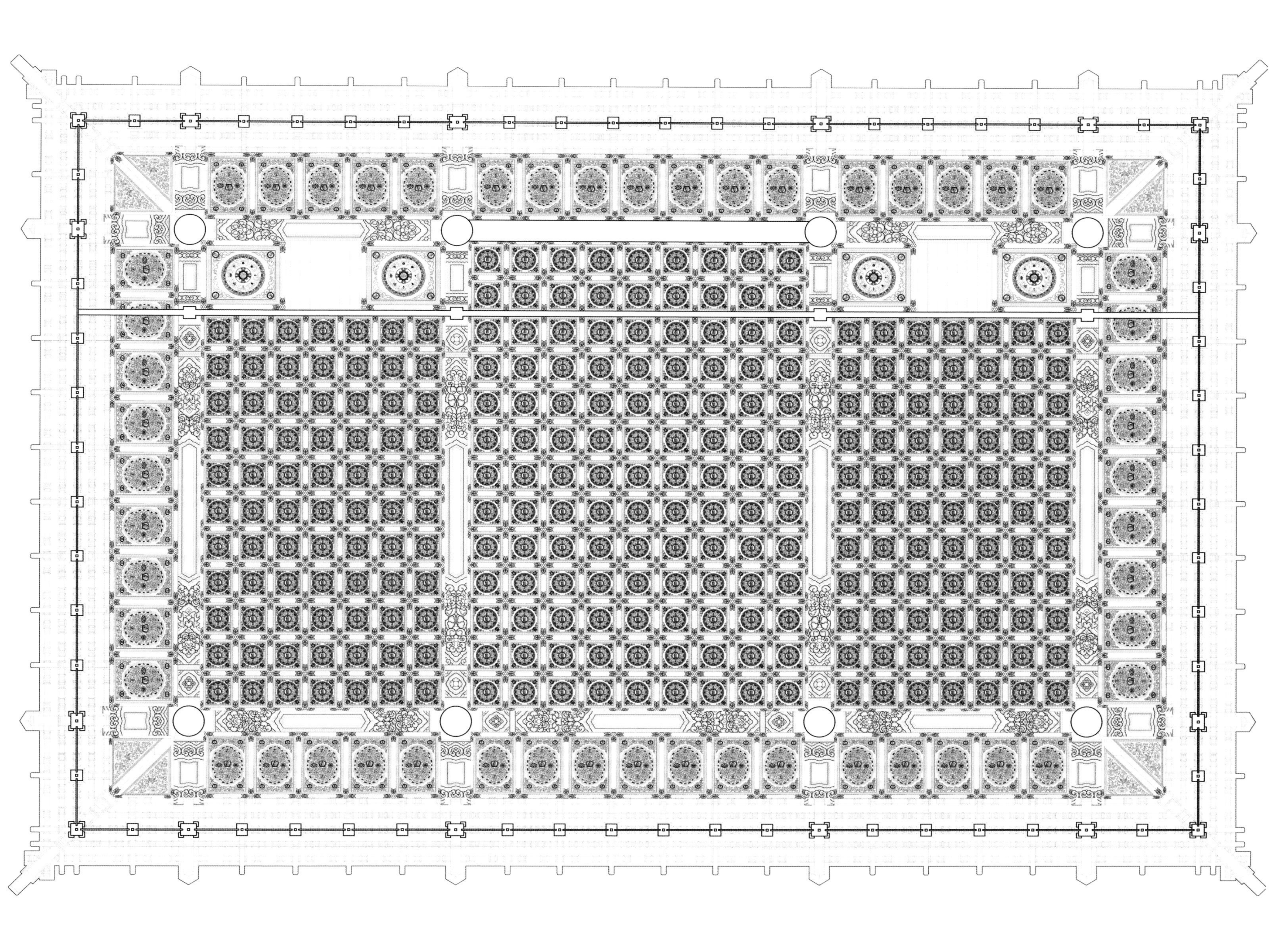

北京智化寺如来殿天花平面仰视图（线图）

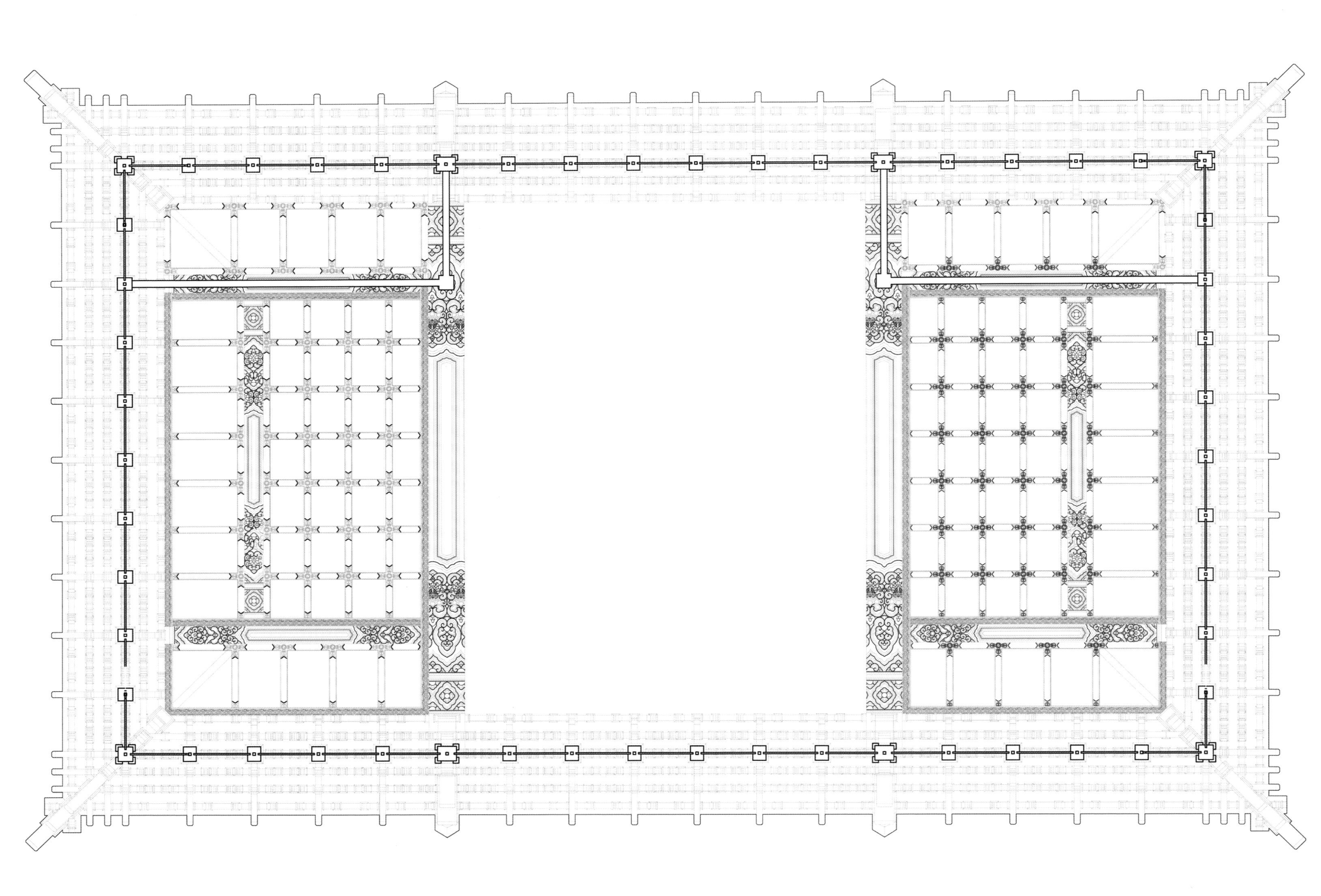

北京智化寺万佛阁天花平面仰视图（藻井现藏美国纳尔逊博物馆）（线图）

北京智化寺如来殿内檐天花图（彩图）

注：本书中，沥粉贴金处均用深浅黄色代替。

北京智化寺如来殿内檐天花图（线图）

0 10 50 100mm

北京智化寺如来殿内檐侧面天花图（彩图）

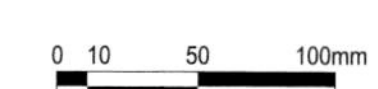

北京智化寺如来殿内檐侧面天花图（线图）

0 10 50 100mm

北京智化寺如来殿内檐楼梯侧面天花图（彩图）

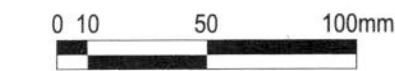

北京智化寺如来殿内檐楼梯侧面天花图（线图）

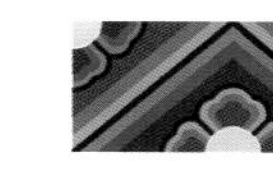

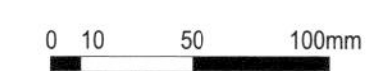

北京智化寺如来殿、万佛阁平坐层内檐天花图（彩图）

0 10 50 100mm

北京智化寺如来殿、万佛阁平坐层内檐天花图（线图）

0 10 50 100mm

北京智化寺大智殿、藏殿内檐天花图（彩图）

北京智化寺大智殿、藏殿内檐天花图（线图）

北京智化寺如来殿、万佛阁异形天花图（线图）

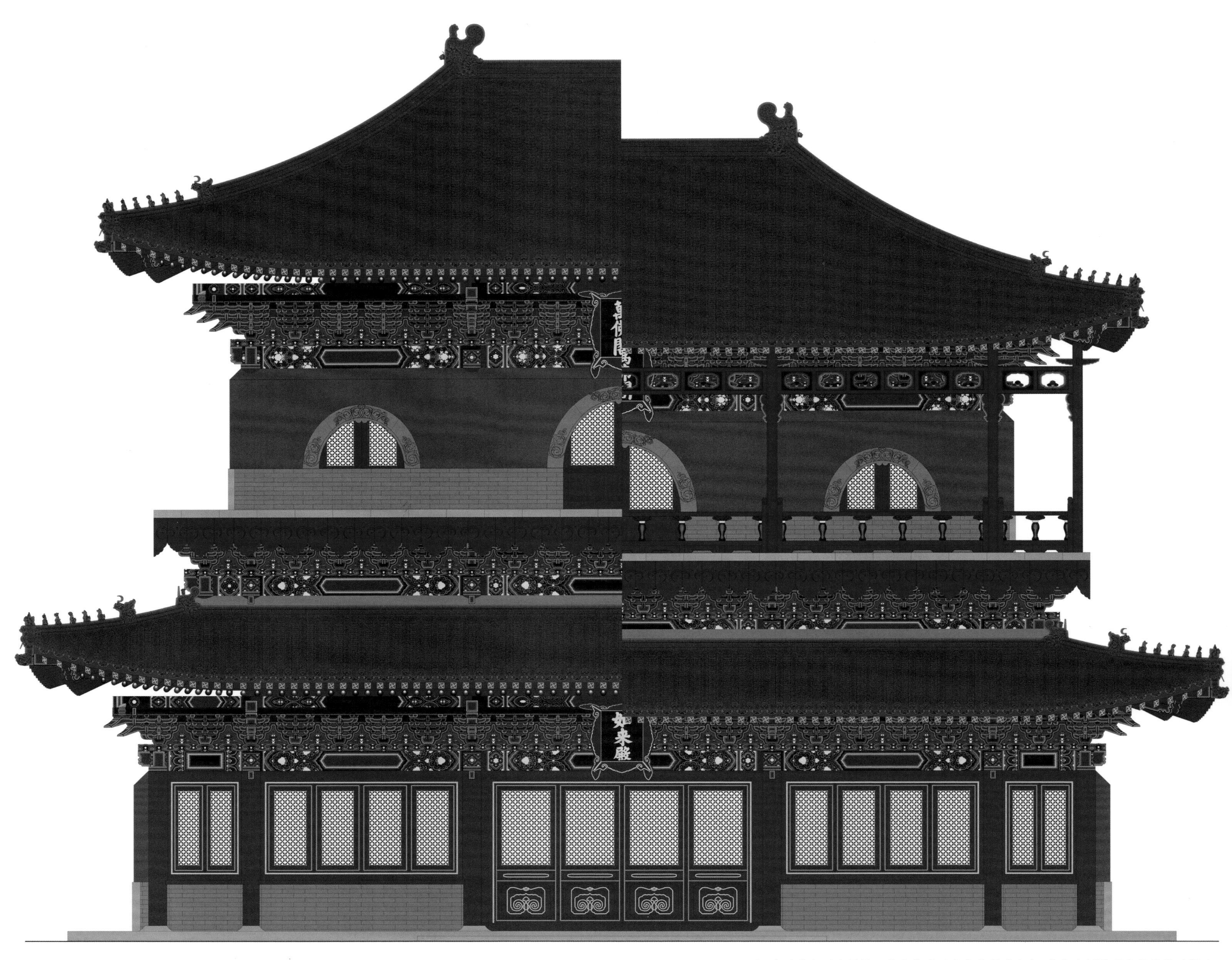

注：为了使立面中被檐口挡住的彩画内容能展现出来，特将左侧的屋檐整体做了提升。

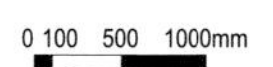

北京智化寺如来殿、万佛阁正立面图（彩图）

北京智化寺如来殿、万佛阁正立面图（线图）

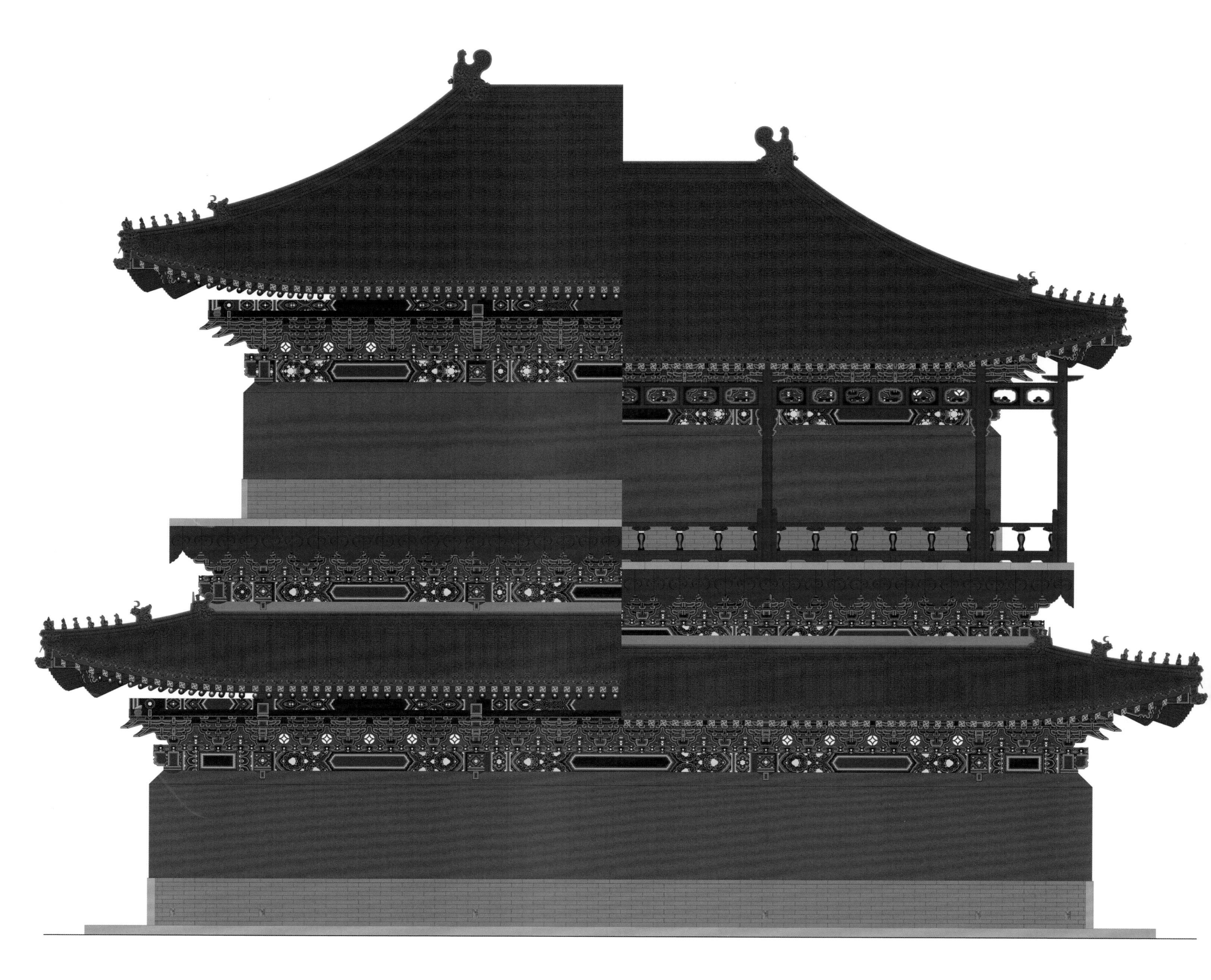

北京智化寺如来殿、万佛阁背立面图（彩图）

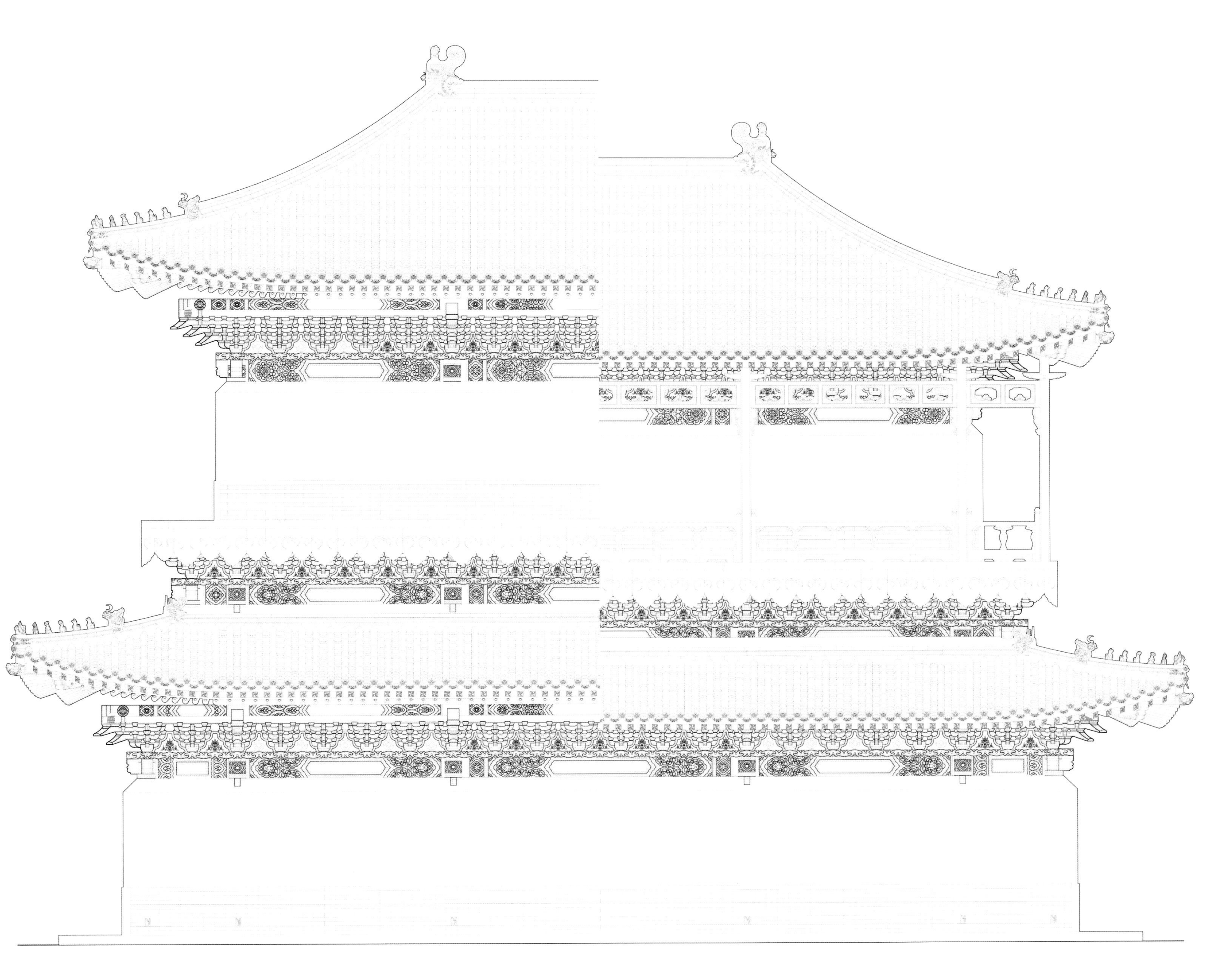

北京智化寺如来殿、万佛阁背立面图（线图）

北京智化寺如来殿、万佛阁侧立面图（彩图）

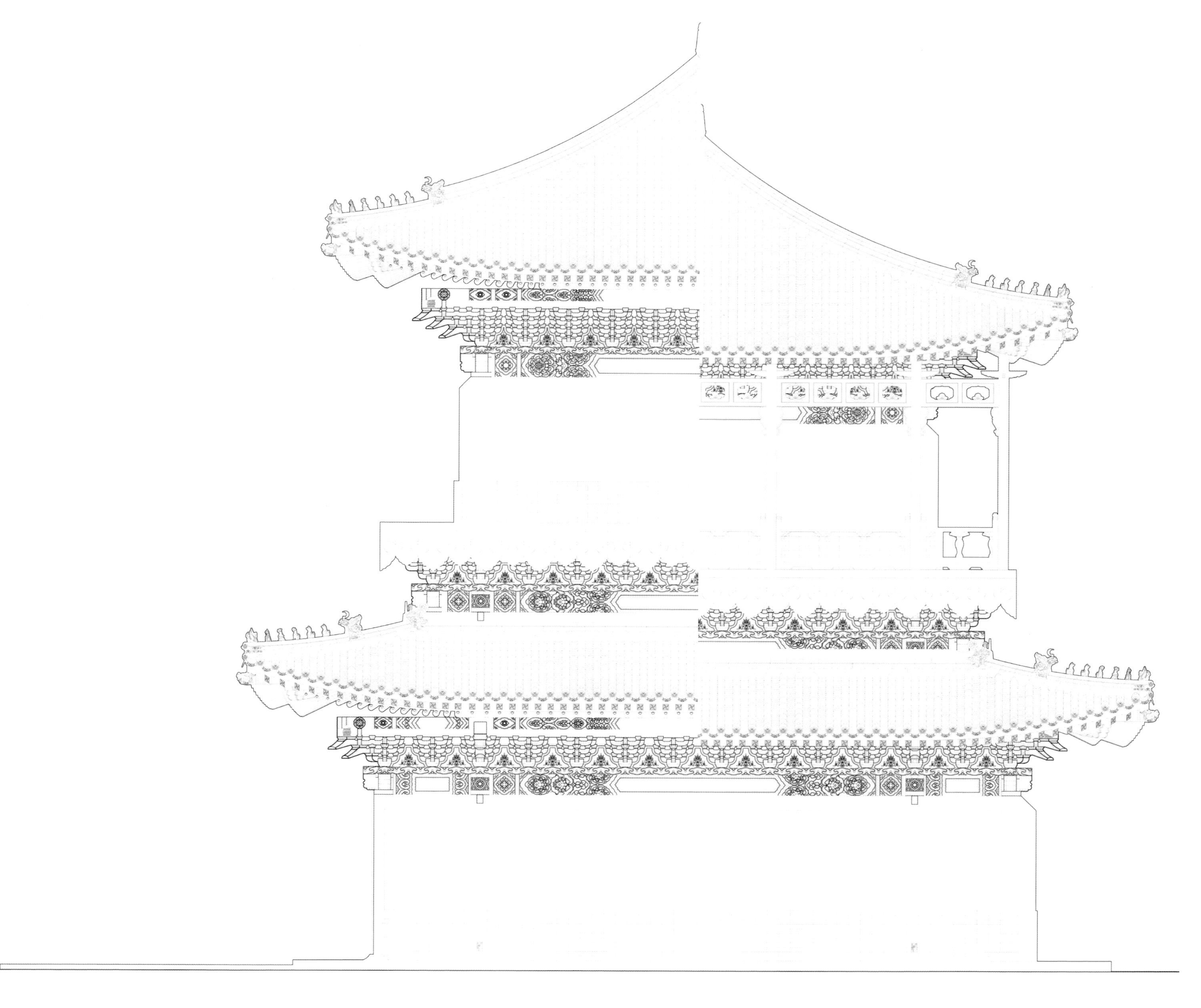

北京智化寺如来殿、万佛阁侧立面图（线图）

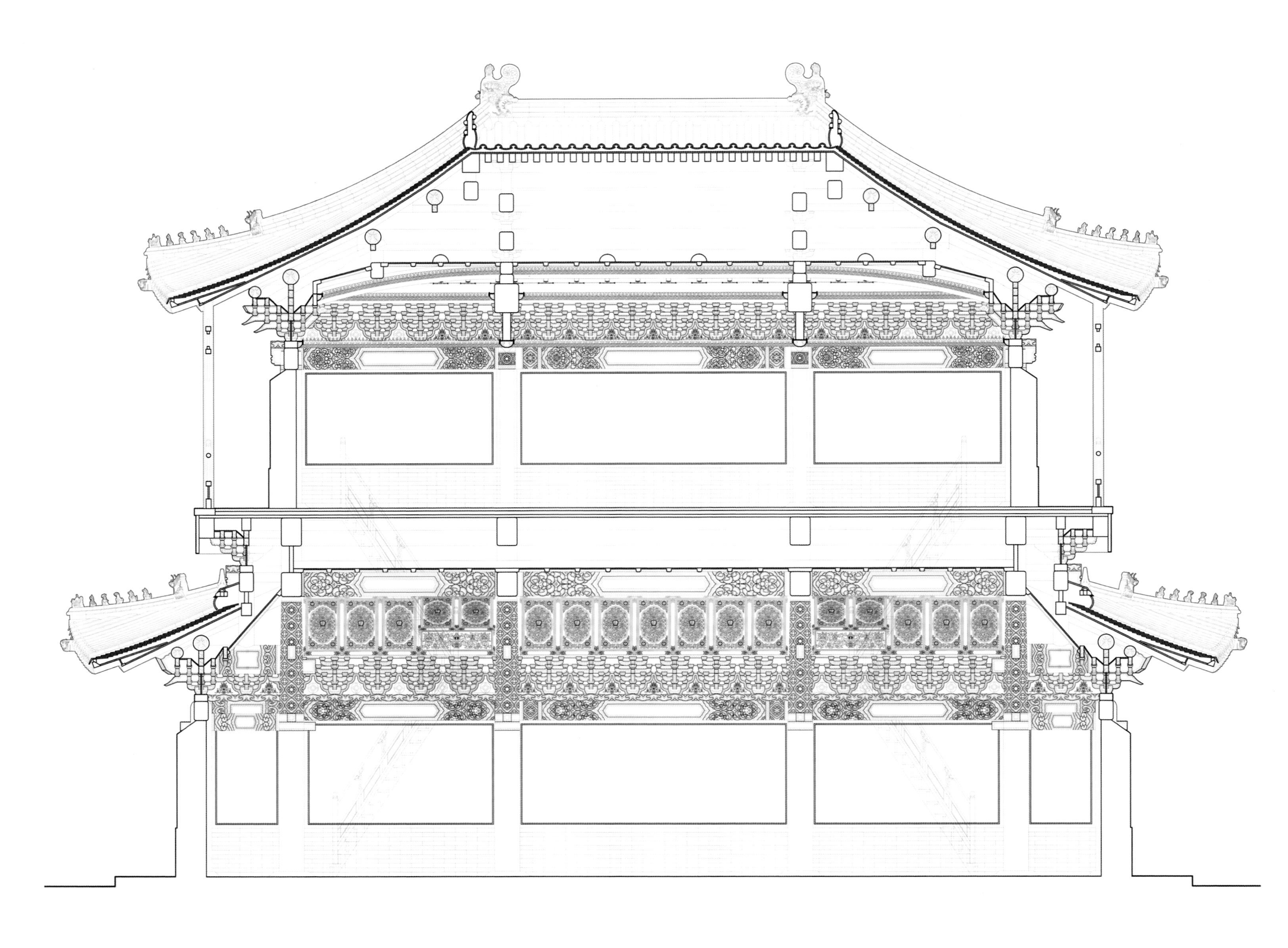

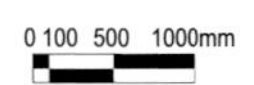

北京智化寺如来殿、万佛阁横剖面图一（线图）

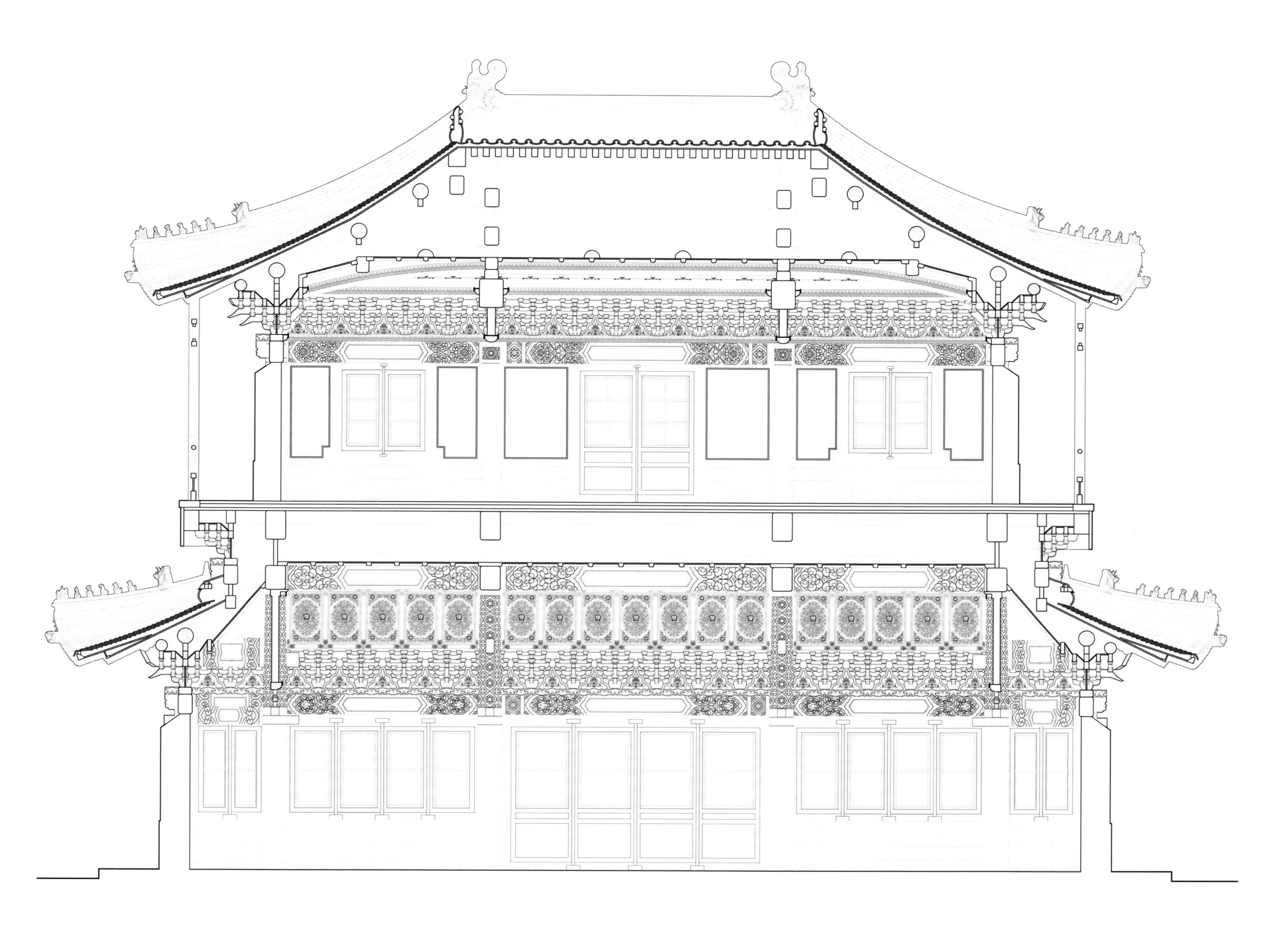

北京智化寺如来殿、万佛阁横剖面图二（线图）

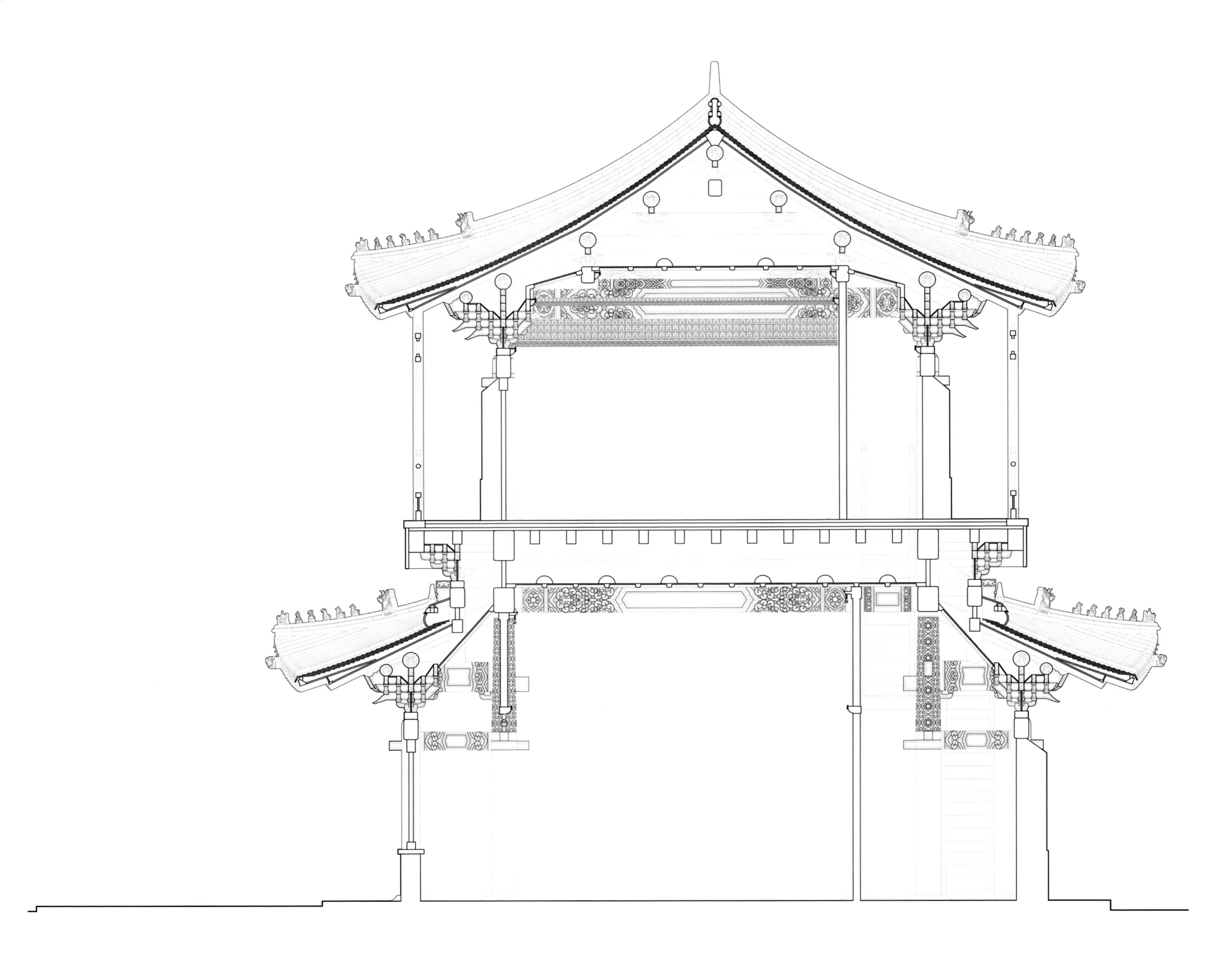

北京智化寺如来殿、万佛阁纵剖面图一（线图）

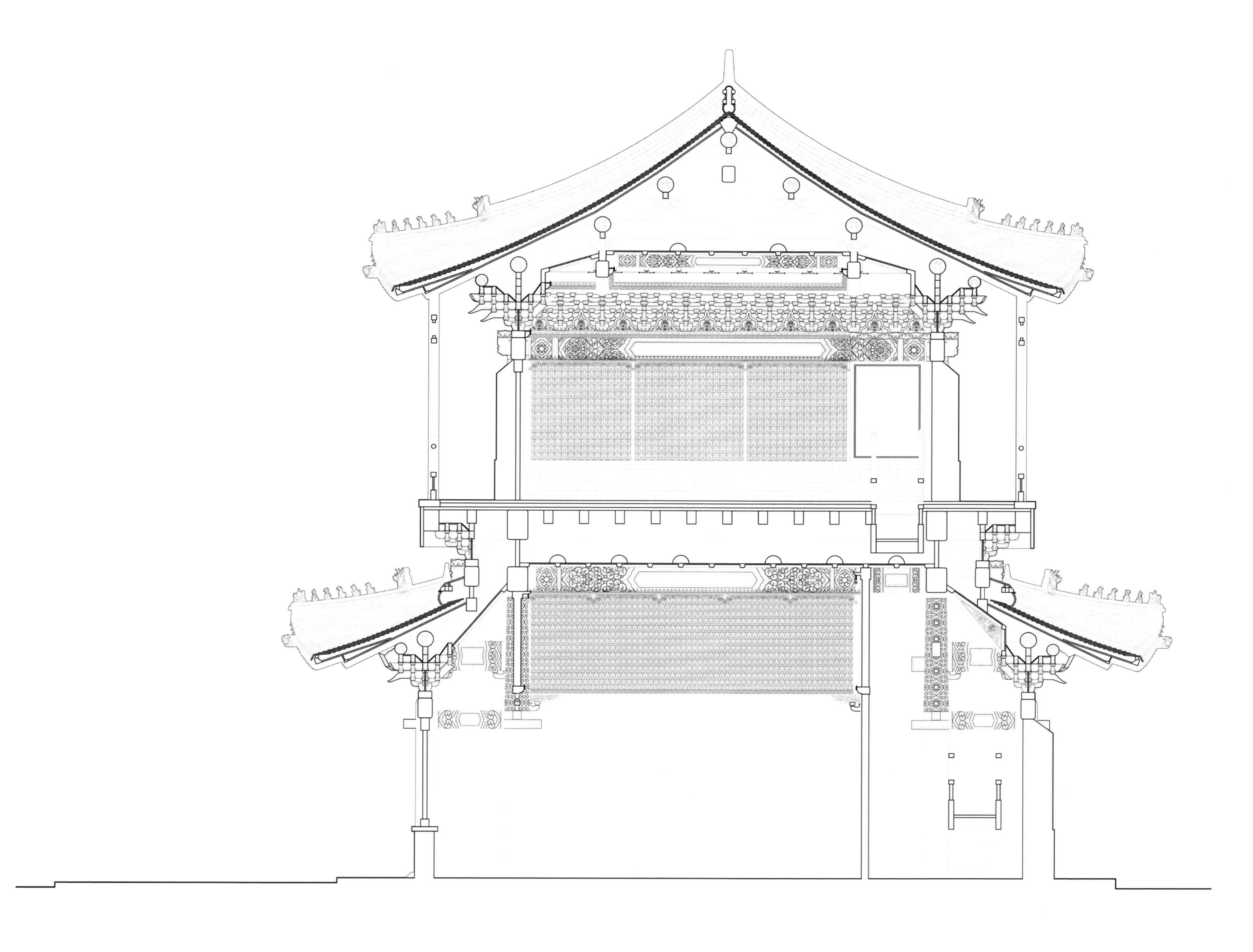

北京智化寺如来殿、万佛阁纵剖面图二（线图）

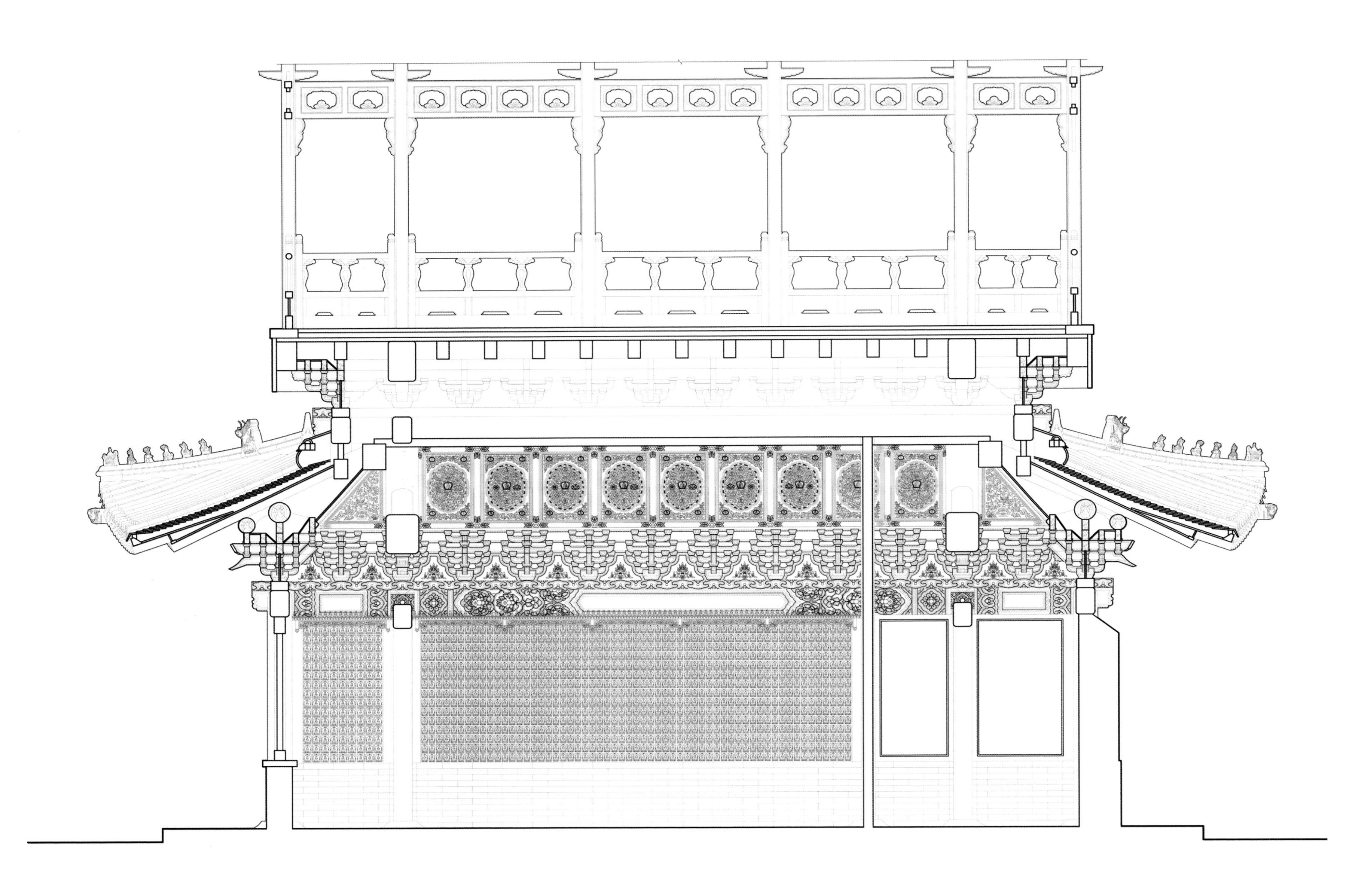

北京智化寺如来殿、万佛阁纵剖面图三（线图）

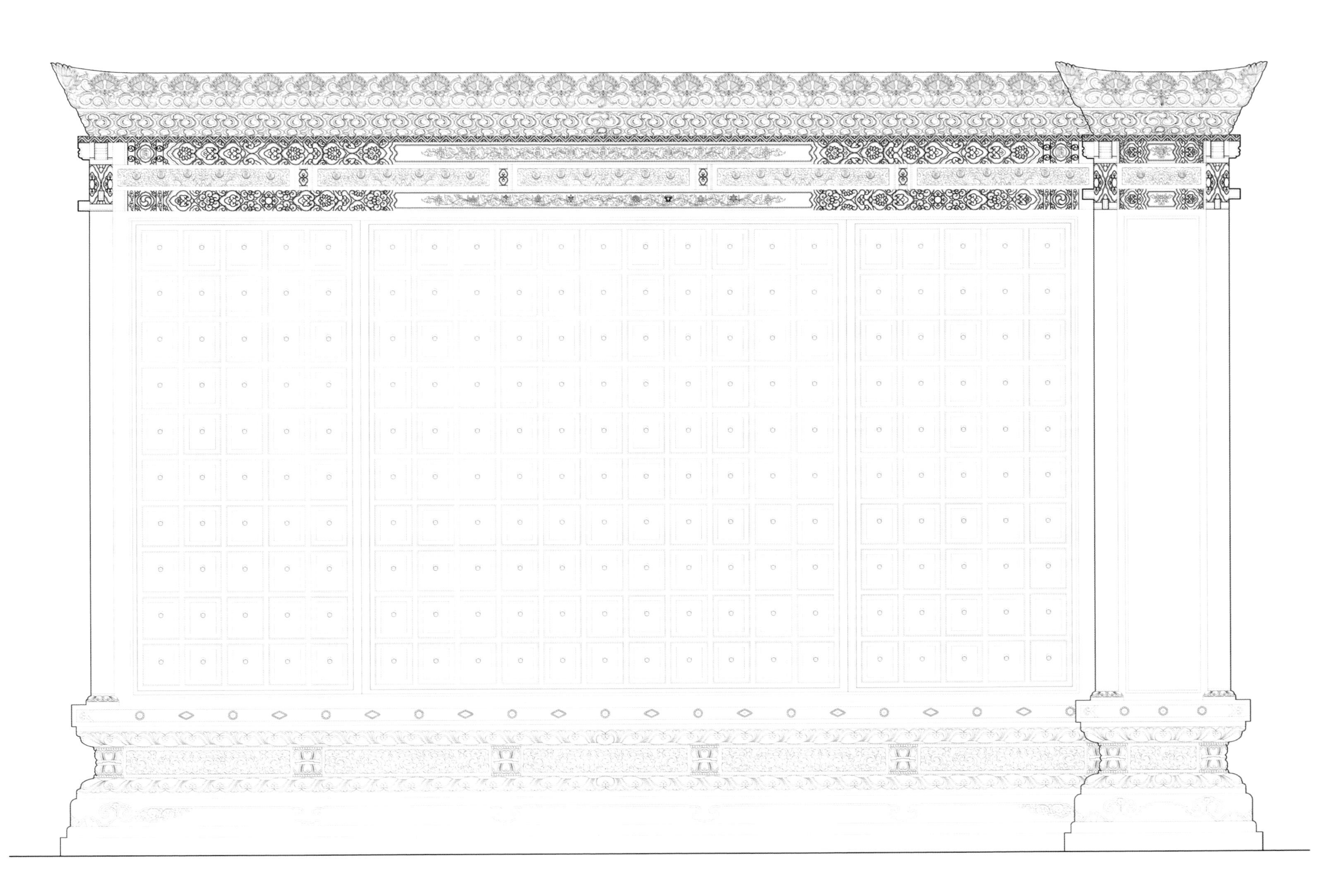

藏经橱立面图一（线图）

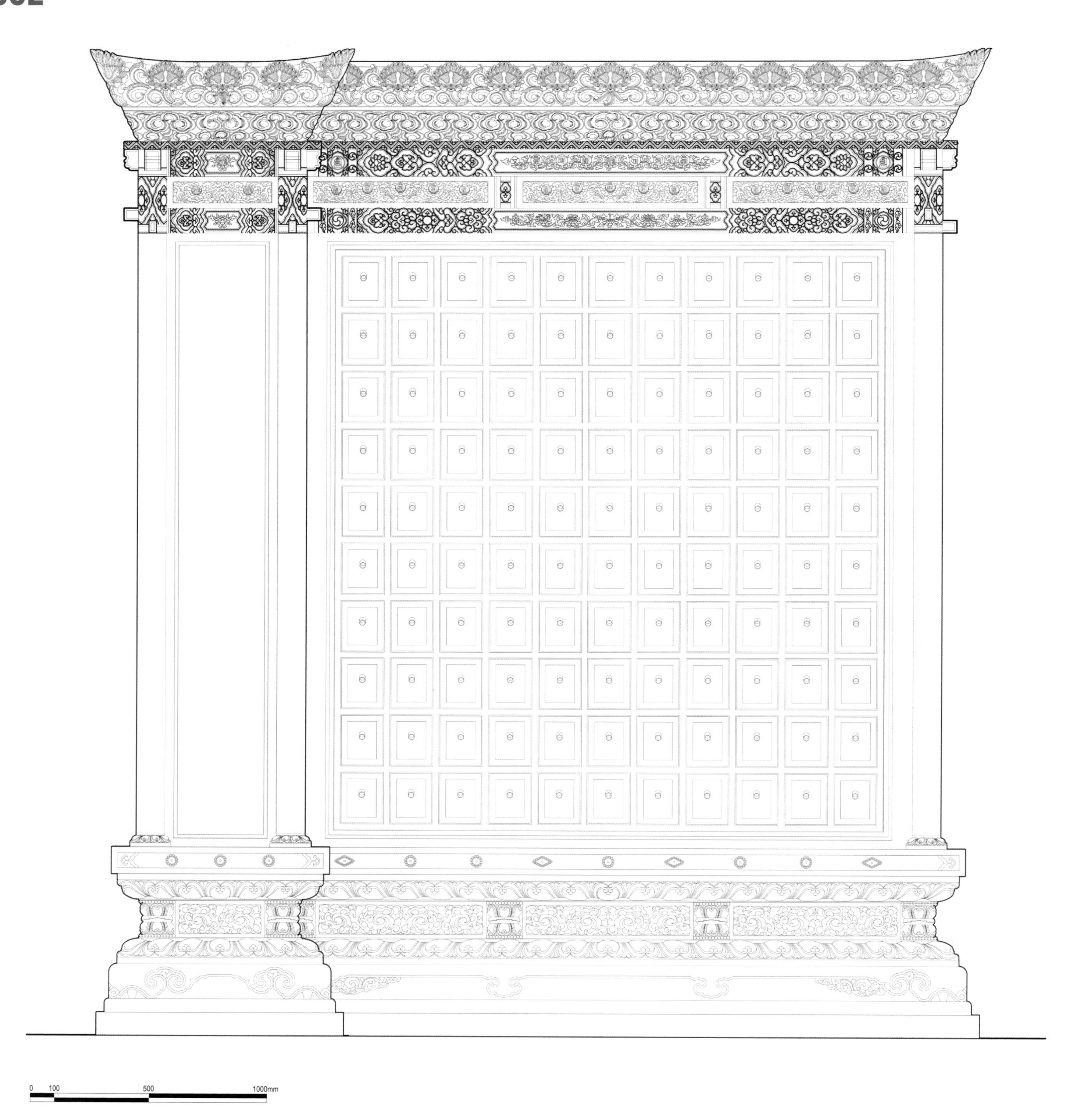

藏经橱立面图二（线图）

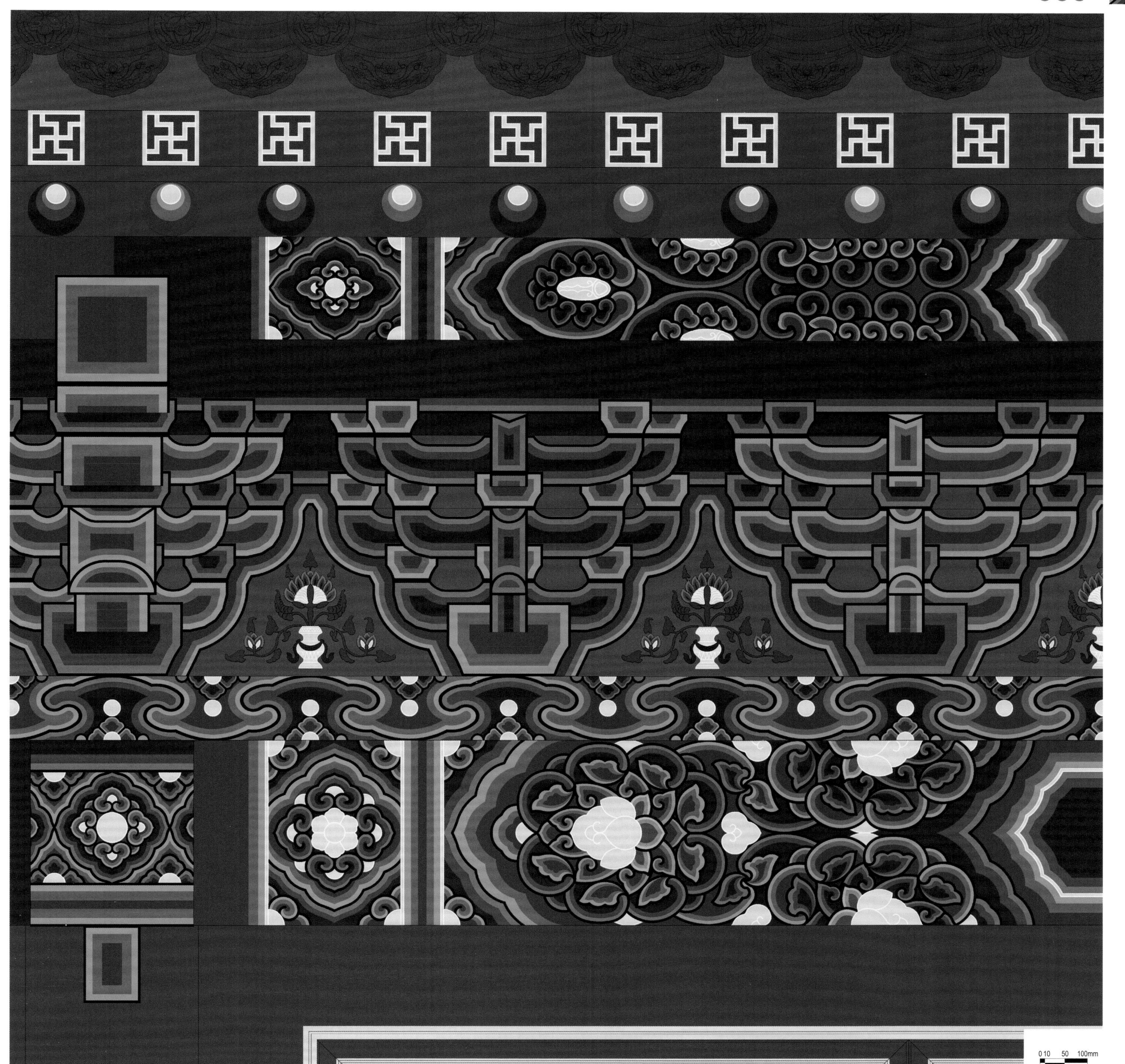

北京智化寺如来殿檐面明间半间局部图（彩图）

北京智化寺如来殿檐面明间半间局部图（线图）

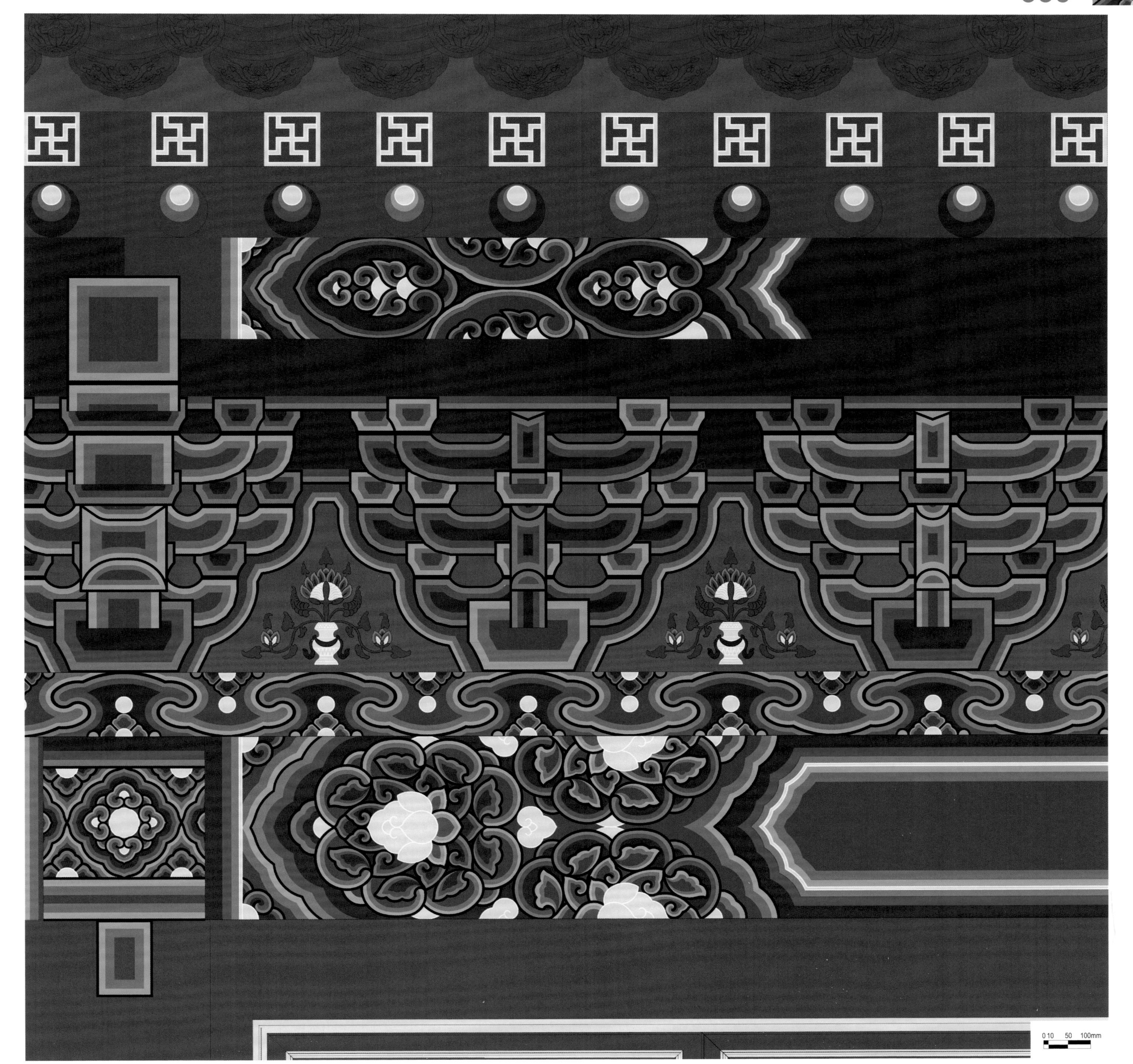

北京智化寺如来殿檐面次间半间局部图（彩图）

北京智化寺如来殿檐面次间半间局部图（线图）

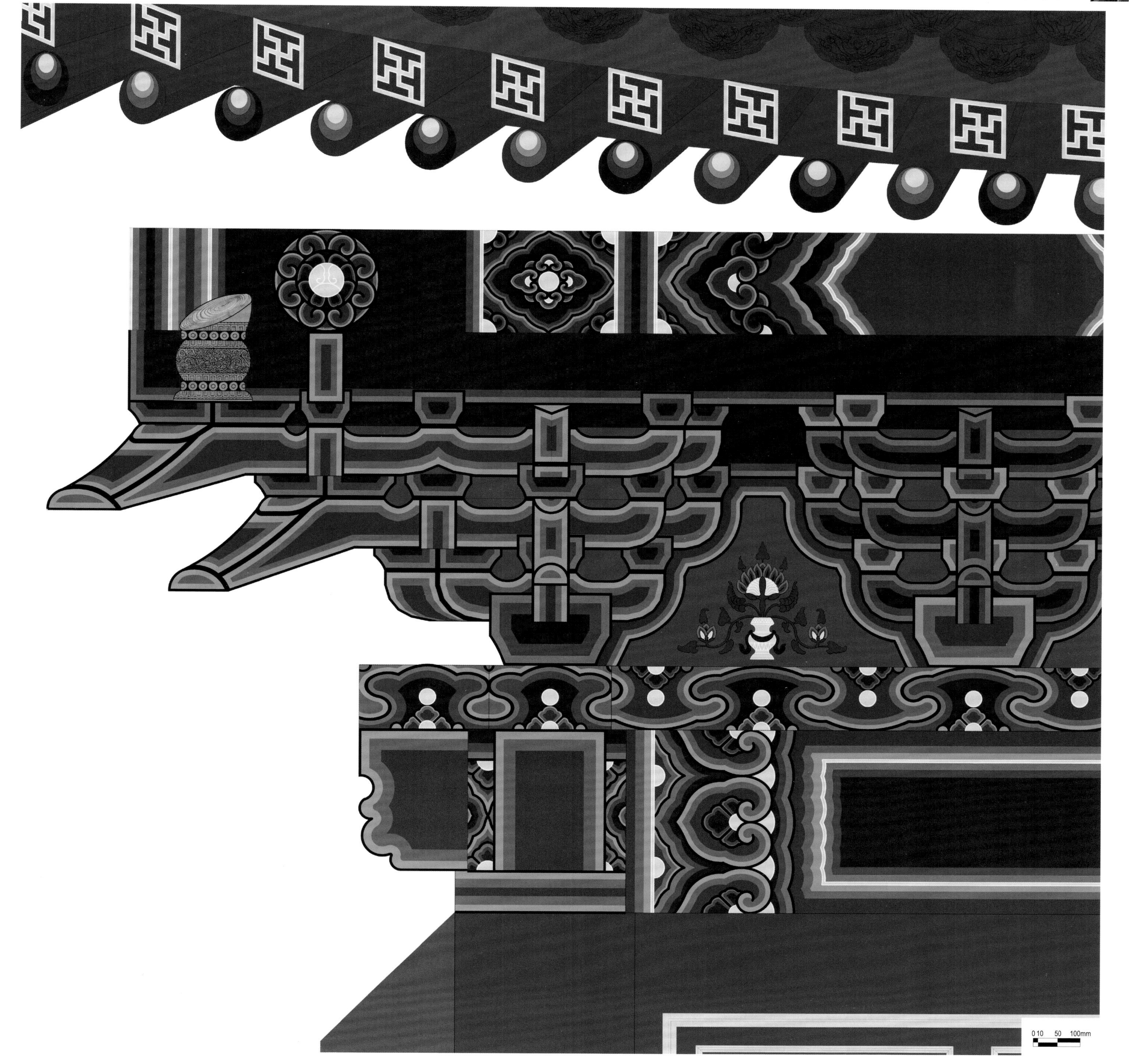

北京智化寺如来殿檐面稍间半间局部图（彩图）

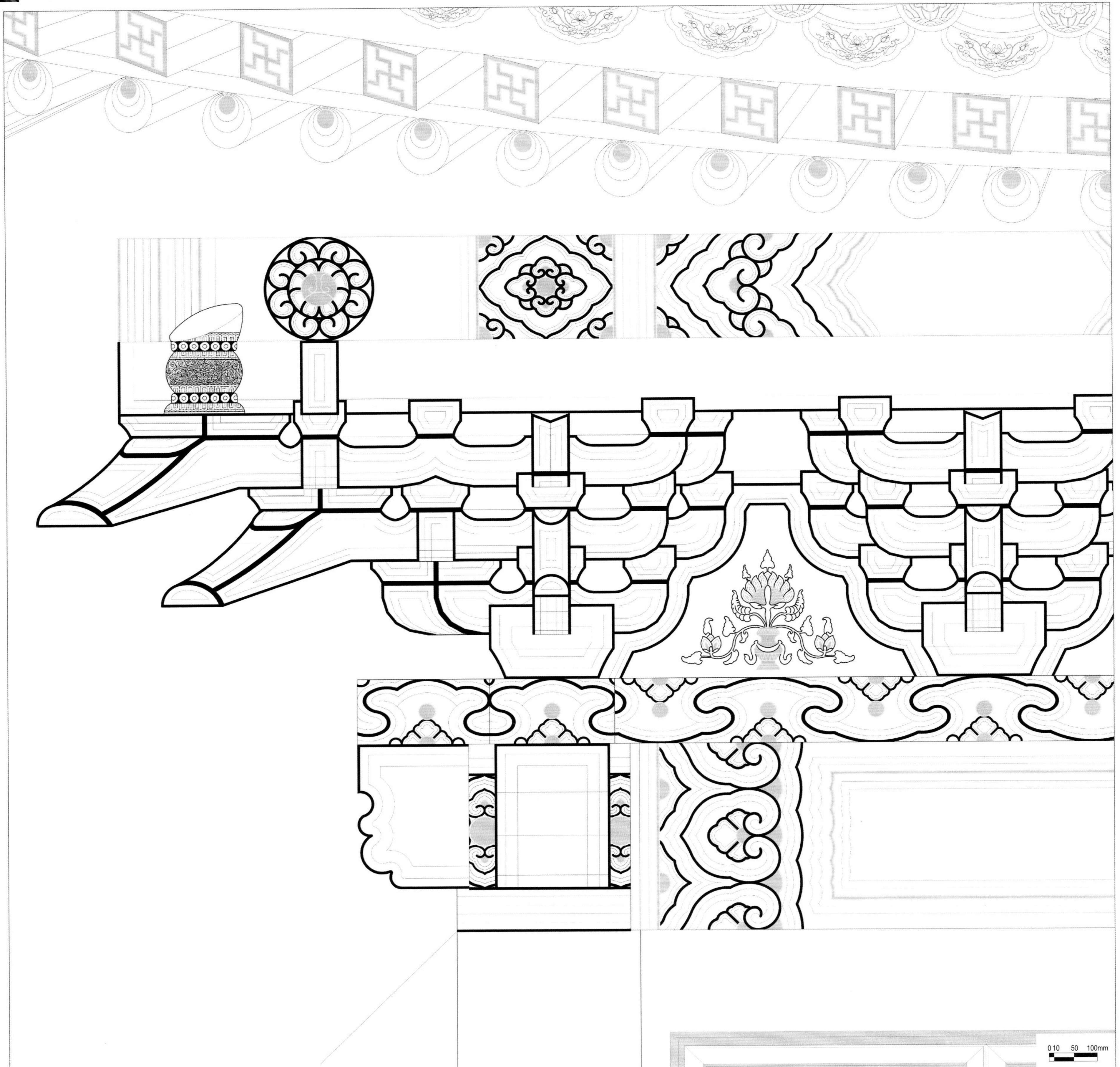

北京智化寺如来殿檐面稍间半间局部图（线图）

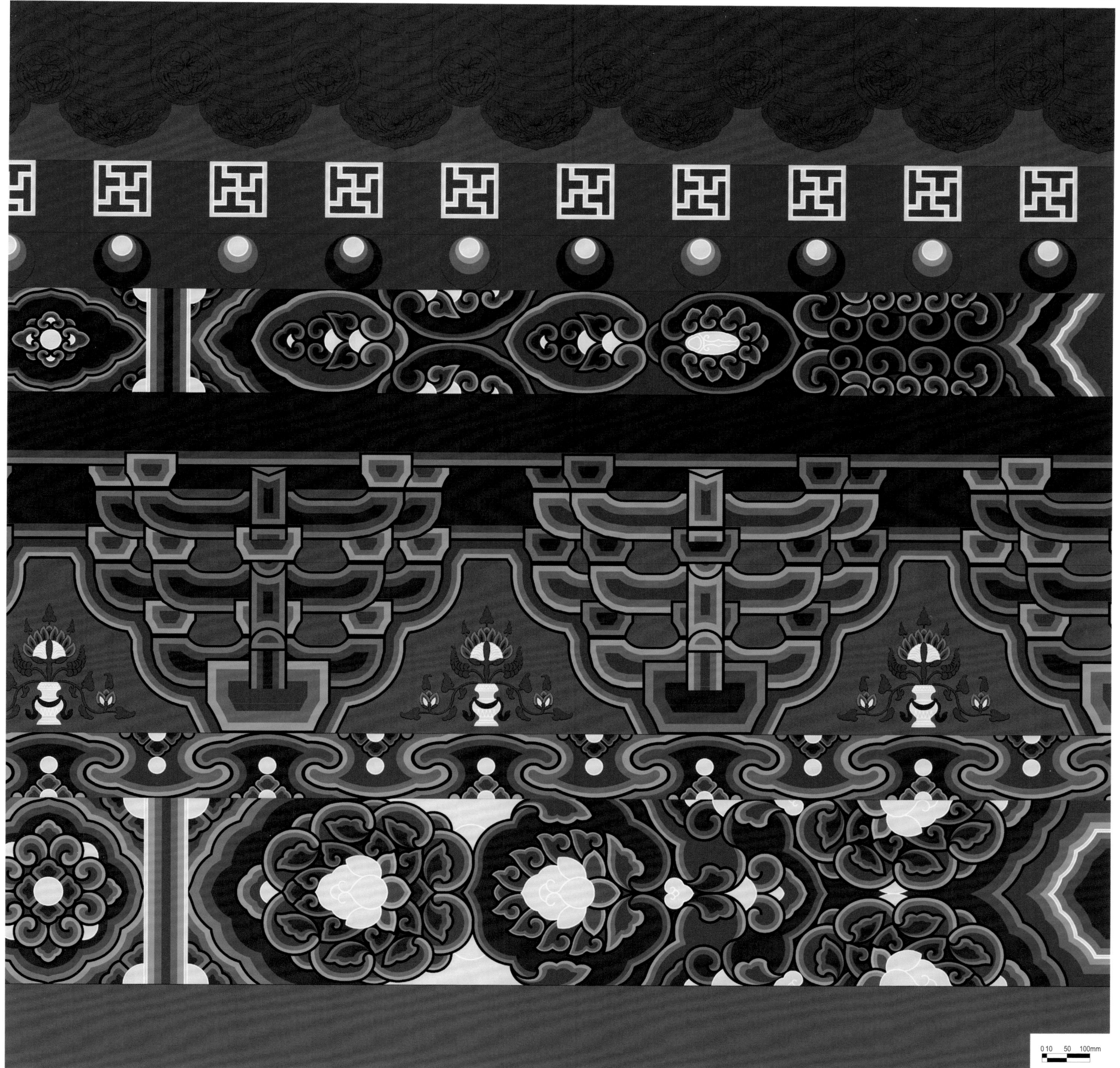

北京智化寺如来殿山面明间半间局部图（彩图）

北京智化寺如来殿山面明间半间局部图（线图）

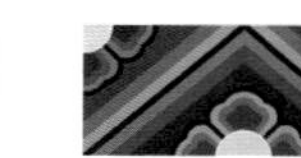

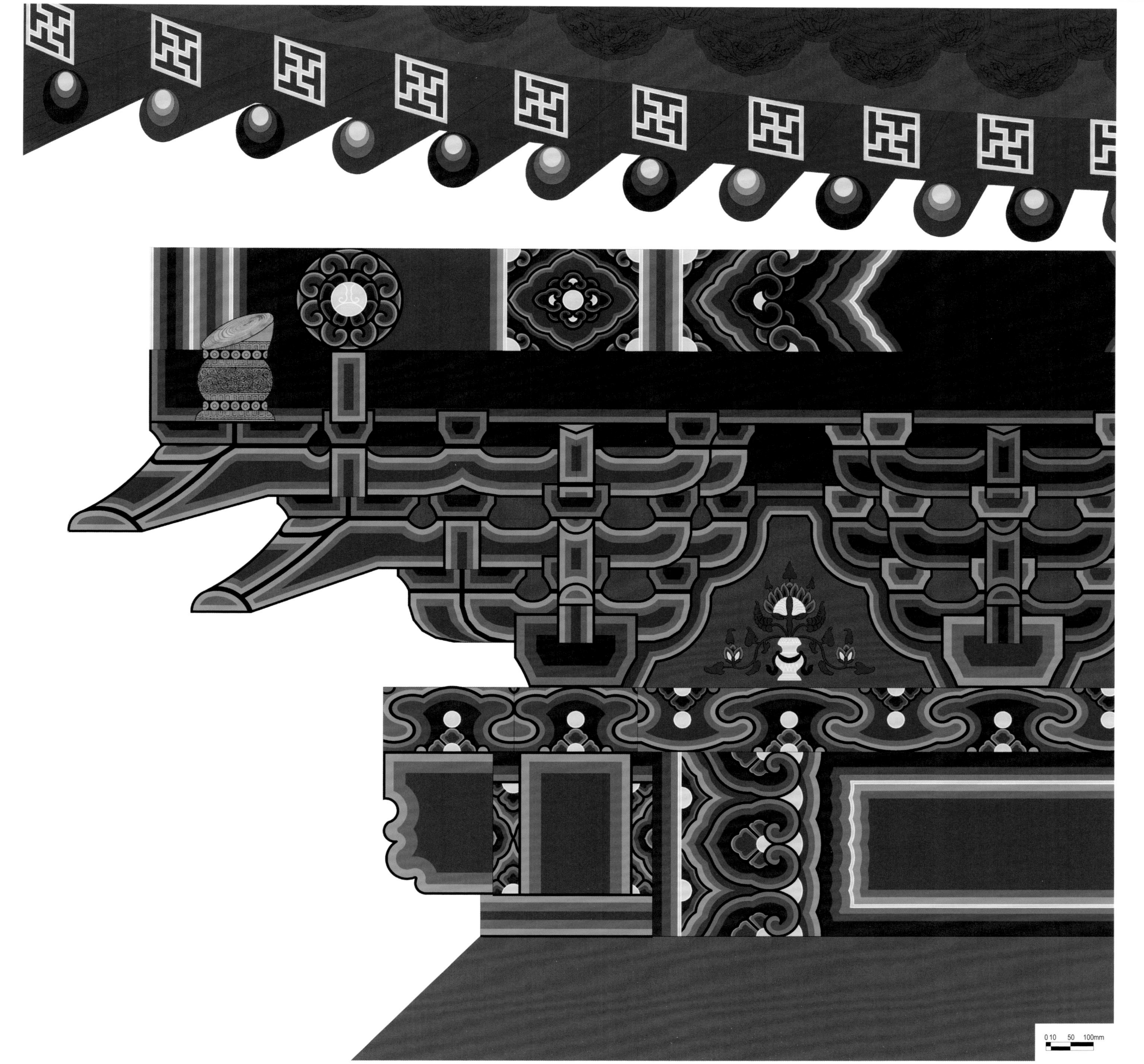

北京智化寺如来殿山面次间半间局部图（彩图）

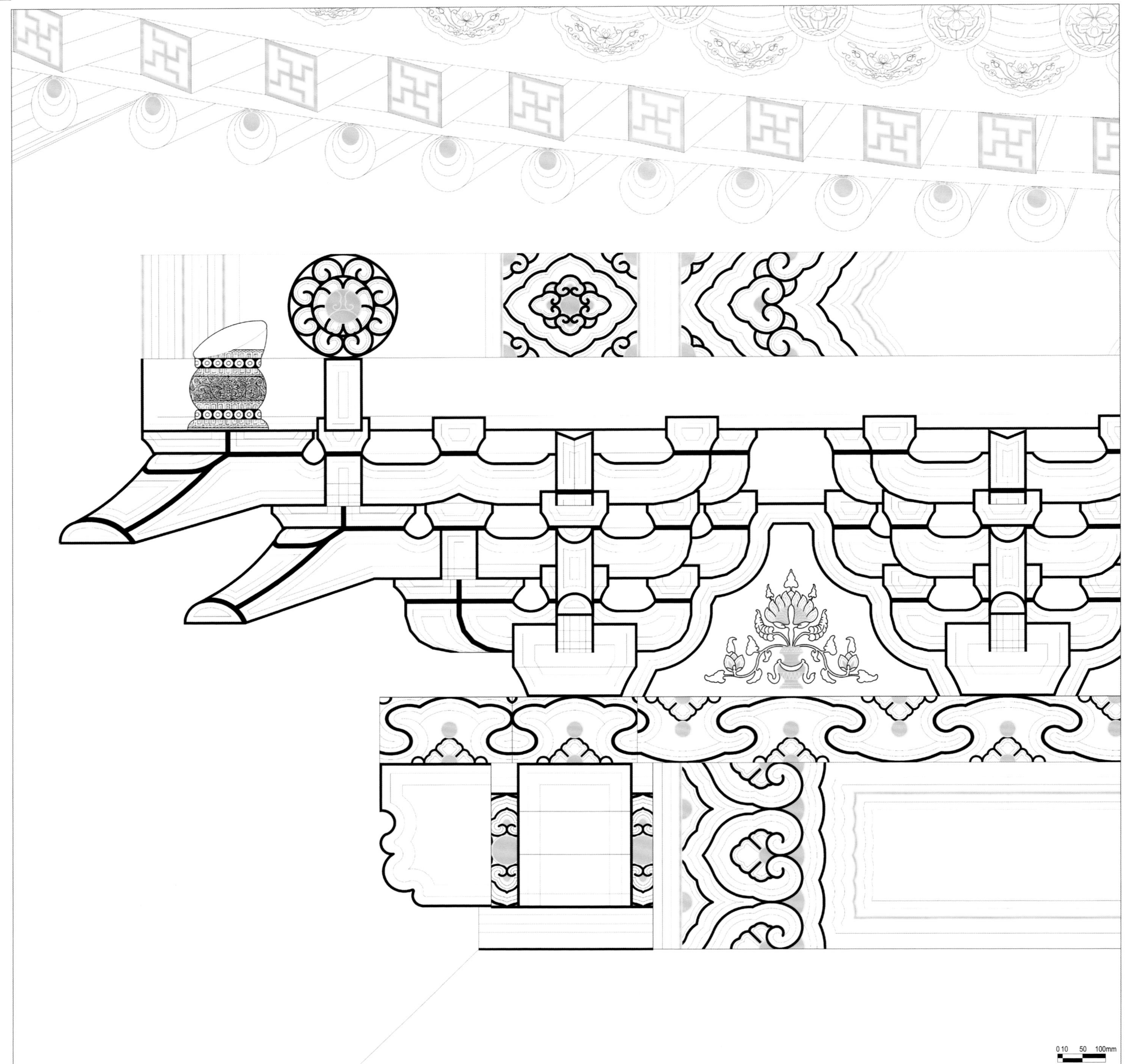

北京智化寺如来殿山面次间半间局部图（线图）

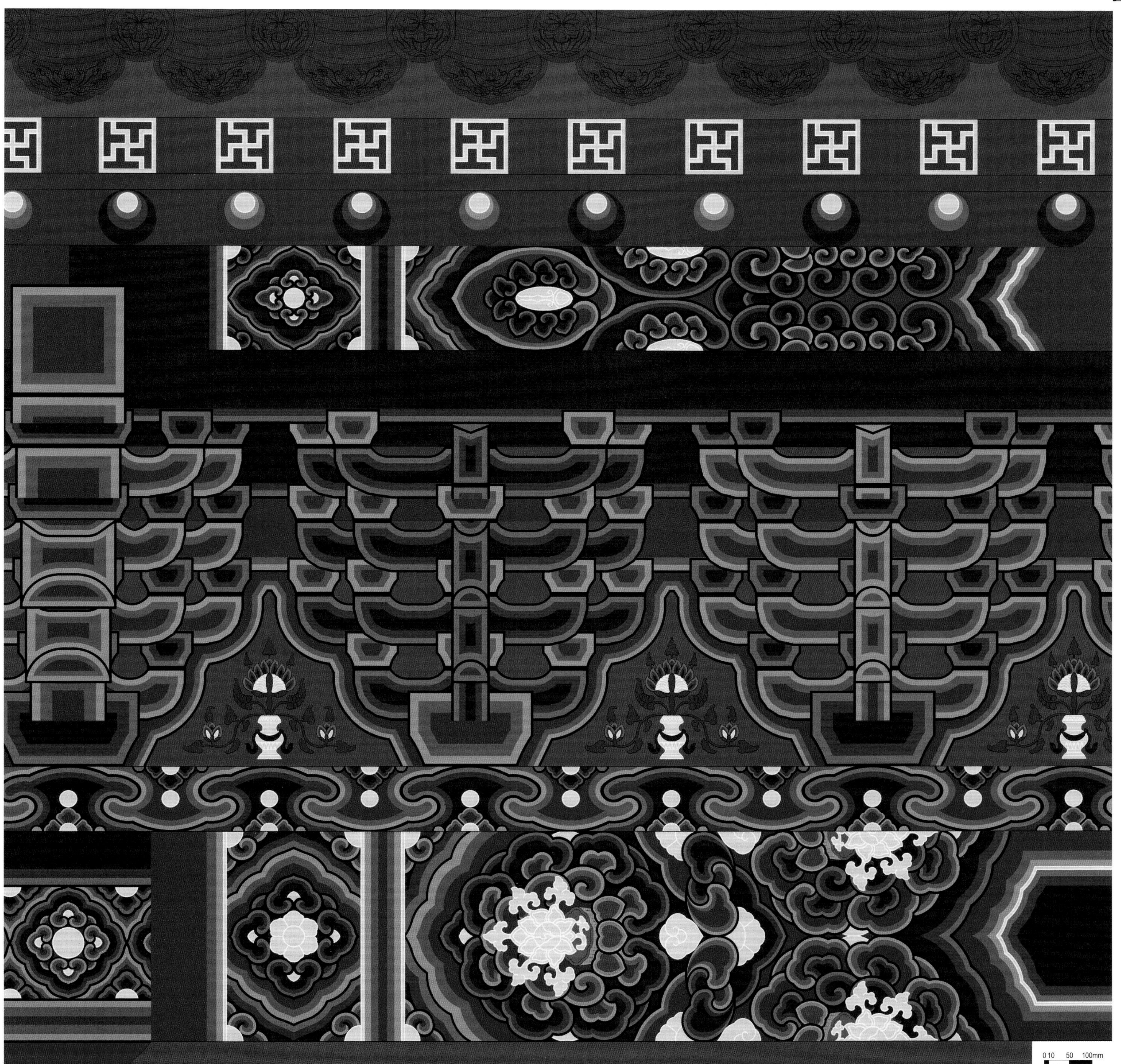

北京智化寺万佛阁檐面明间半间局部图（彩图）

北京智化寺万佛阁檐面明间半间局部图（线图）

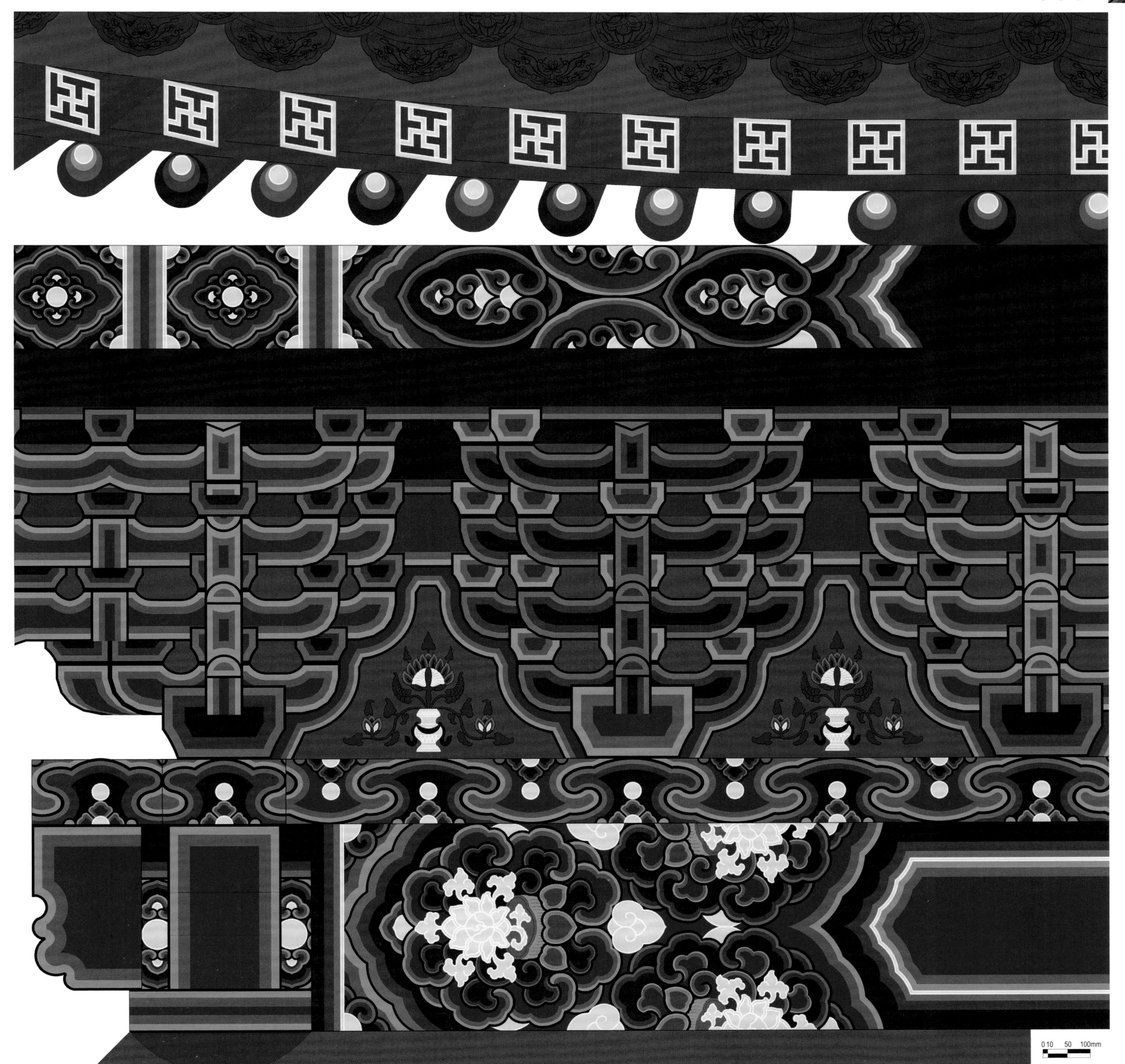

北京智化寺万佛阁檐面次间半间局部图（彩图）

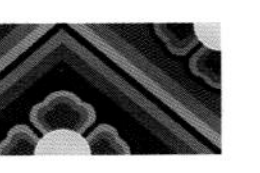

北京智化寺万佛阁檐面次间半间局部图（线图）

北京智化寺如来殿、万佛阁平坐层局部图（彩图）

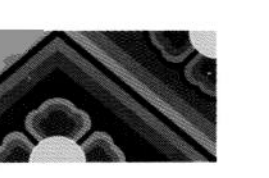

北京智化寺如来殿、万佛阁平坐层局部图（线图）

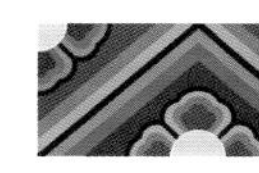

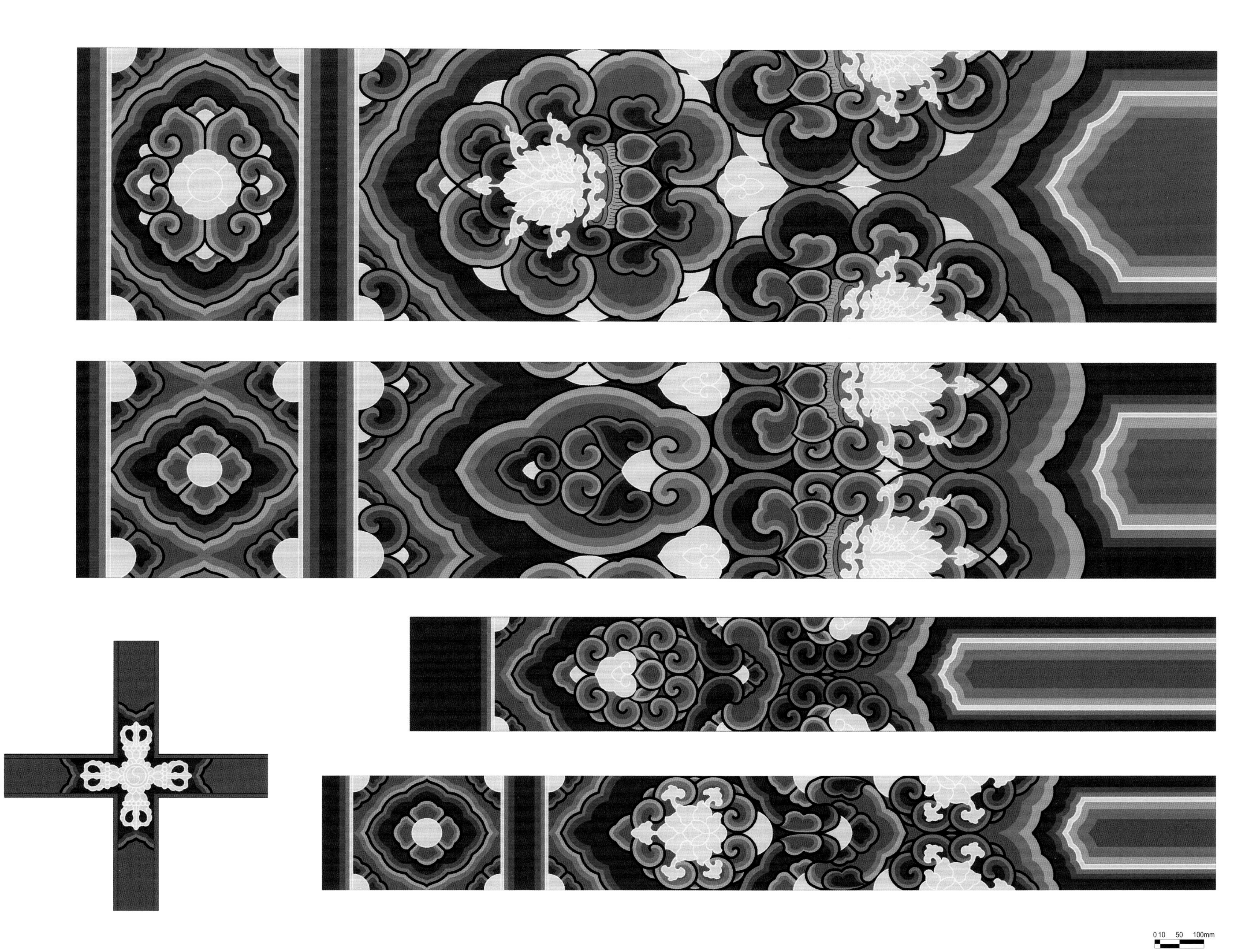

北京智化寺万佛阁内檐局部图（彩图）

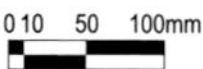

北京智化寺万佛阁内檐局部图（线图）

藏经橱立面局部一（线图）

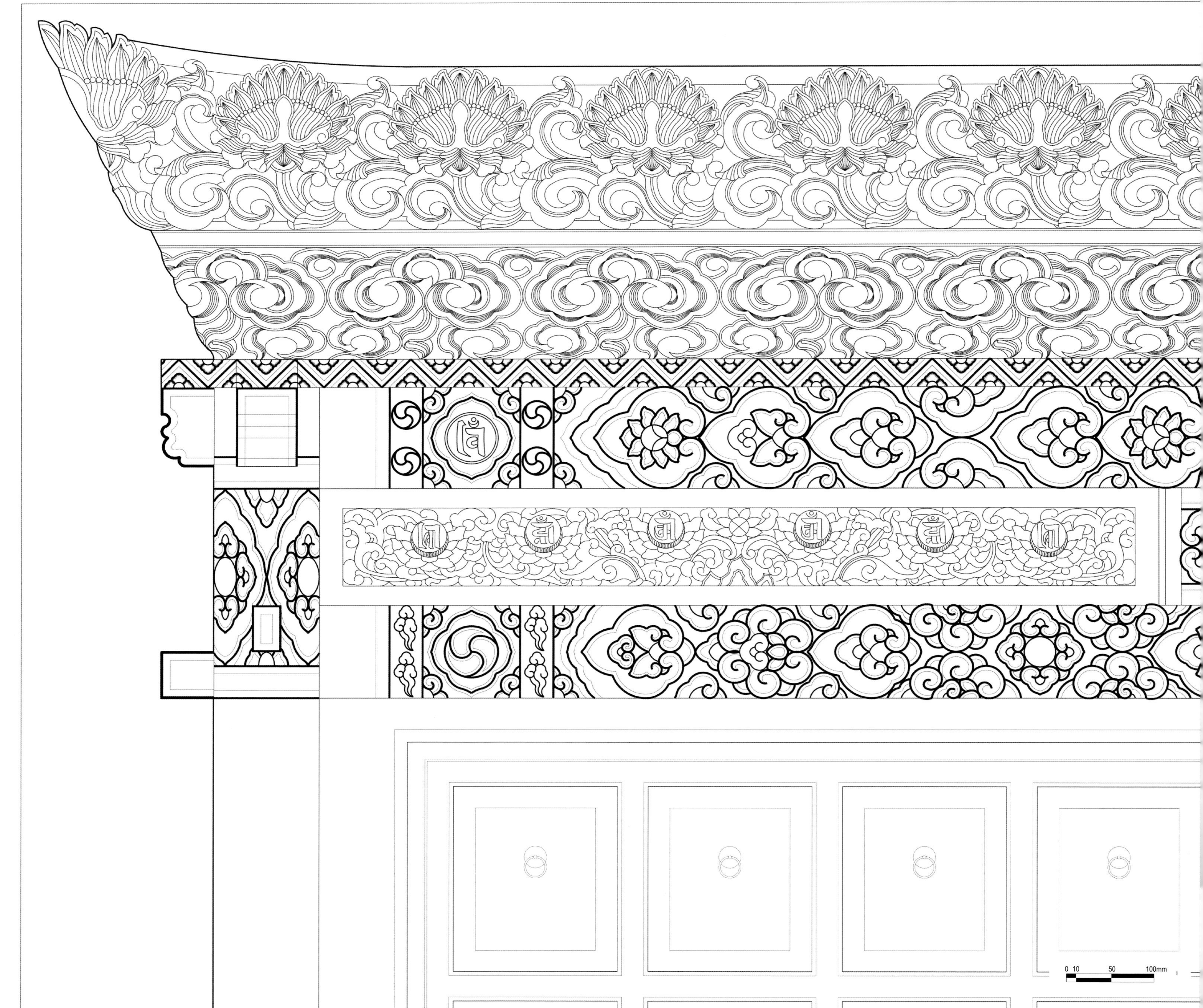

藏经橱立面局部二（线图）

藏经橱立面局部三（线图）

藏经橱立面局部四（线图）

藏经橱立面局部五（线图）

北京智化寺智化殿正立面图（彩图）

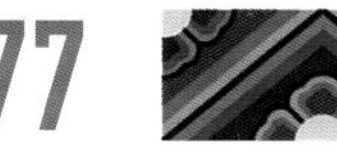

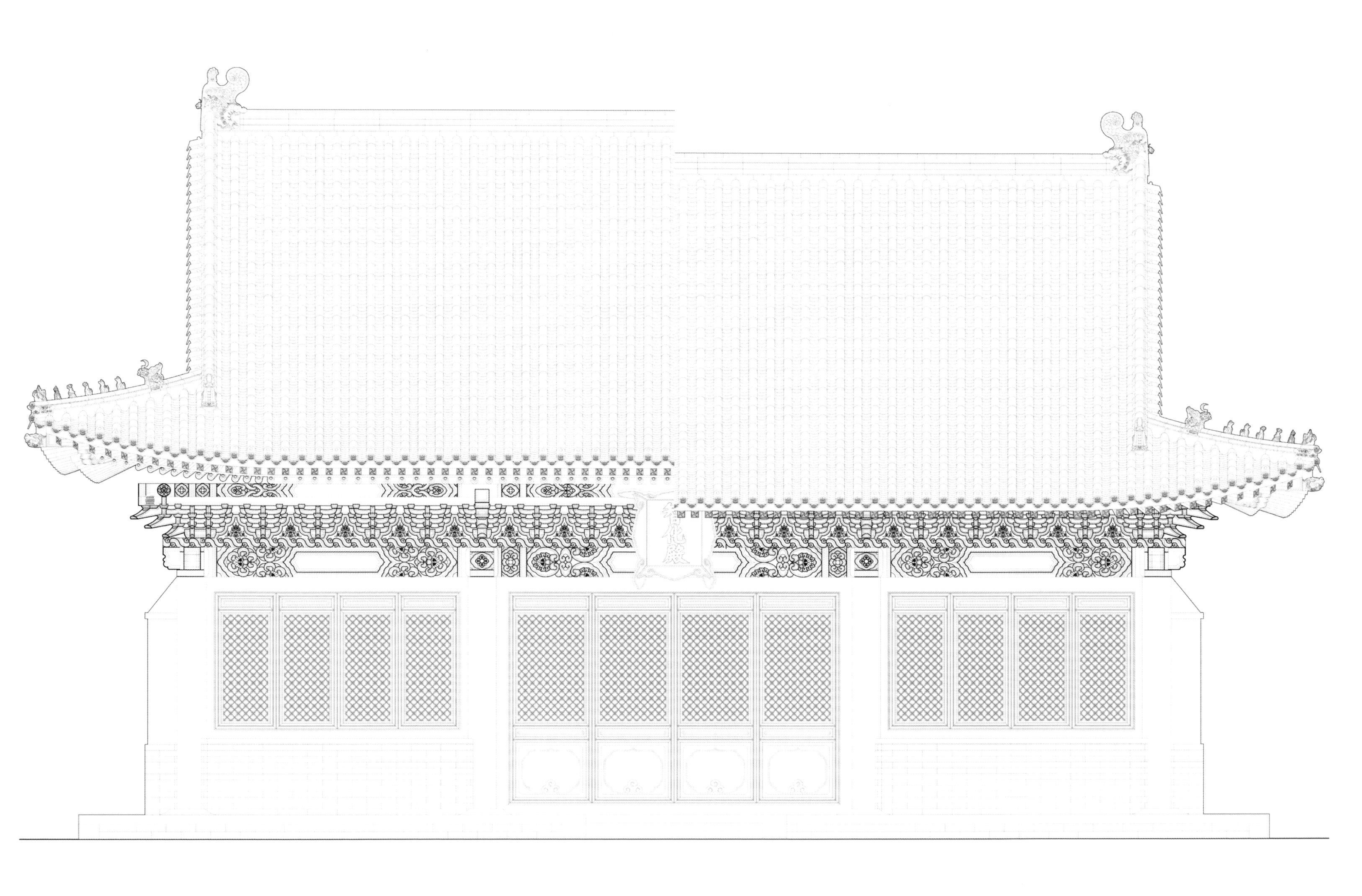

北京智化寺智化殿正立面图（线图）

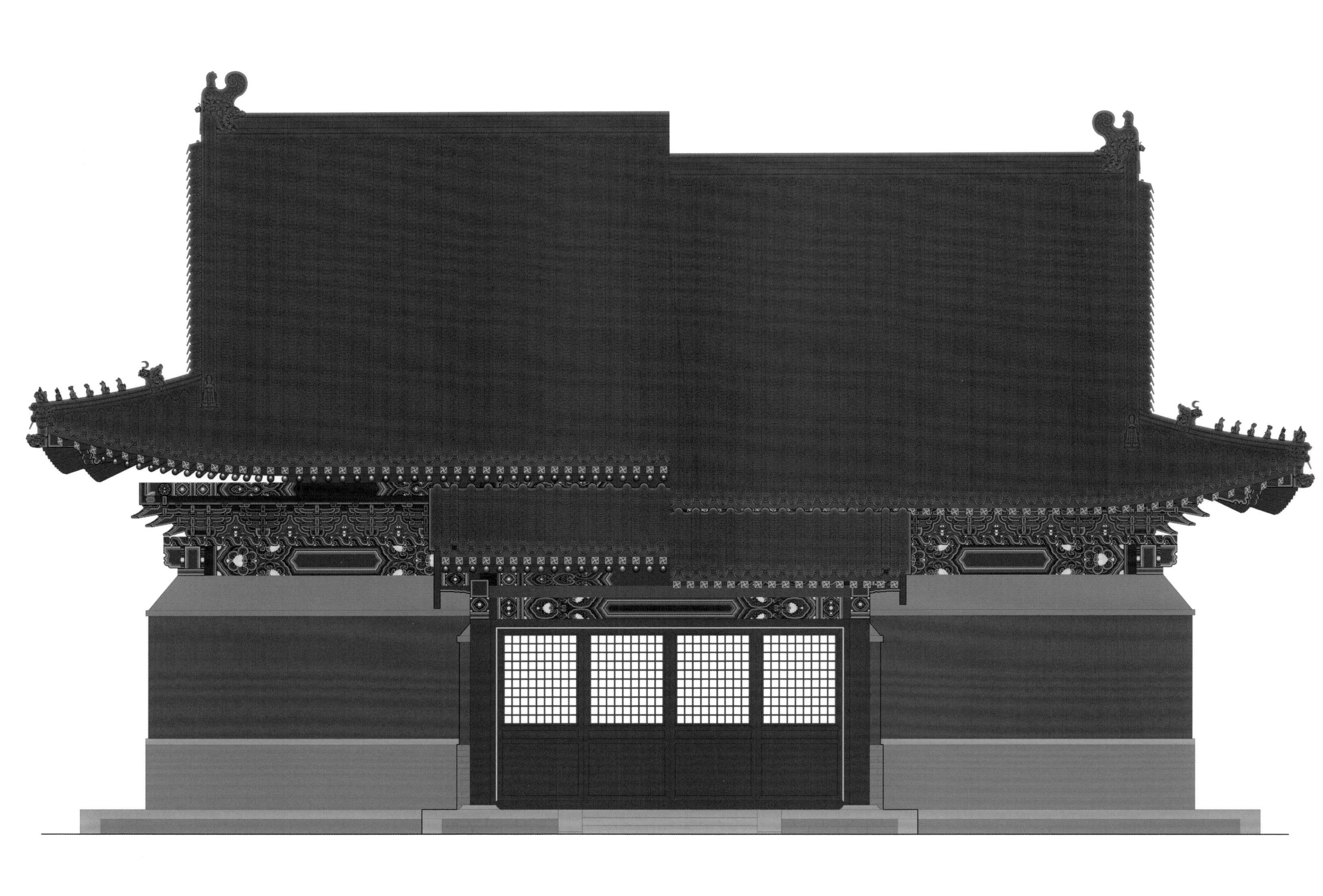

北京智化寺智化殿背立面图（彩图）

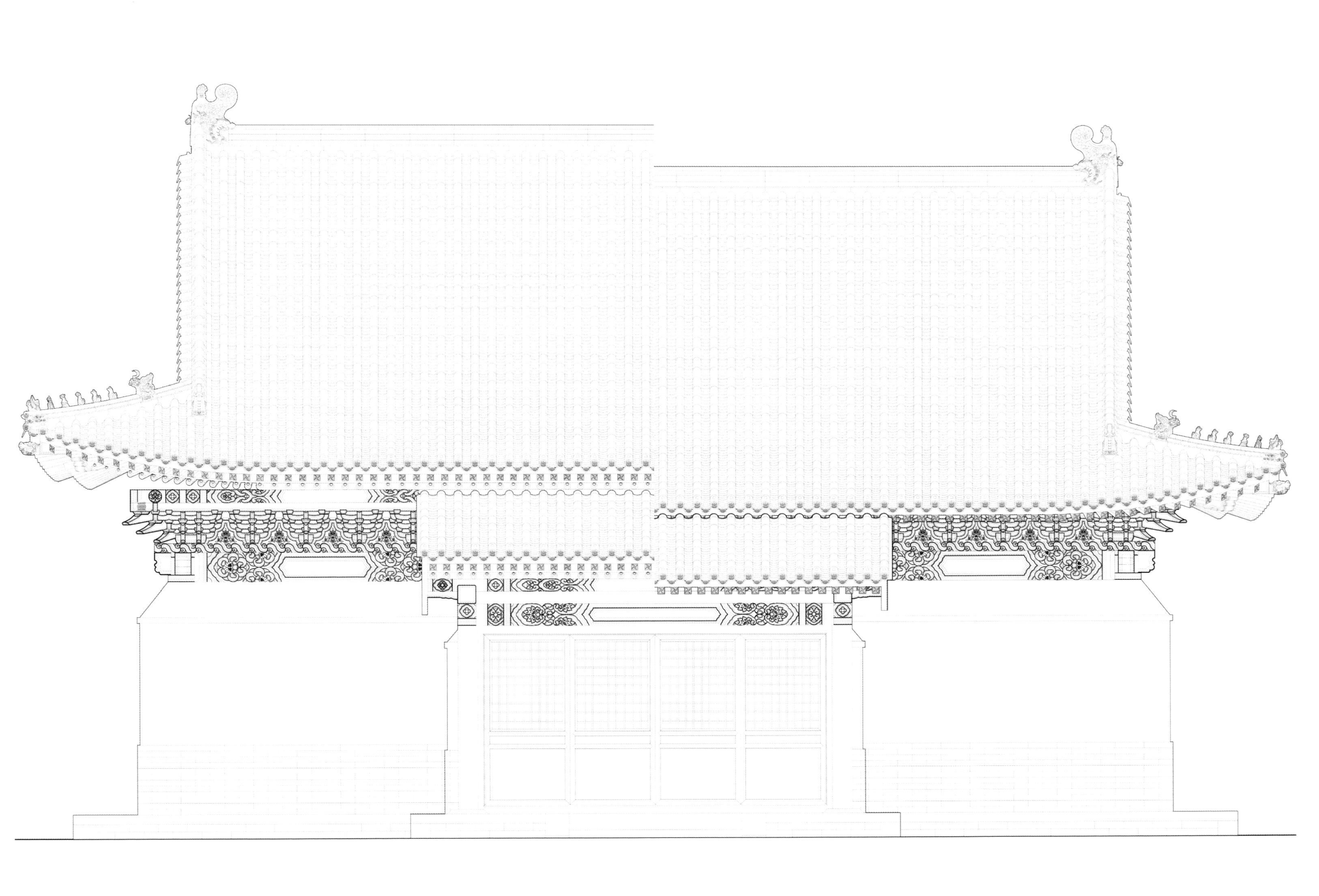

北京智化寺智化殿背立面图（线图）

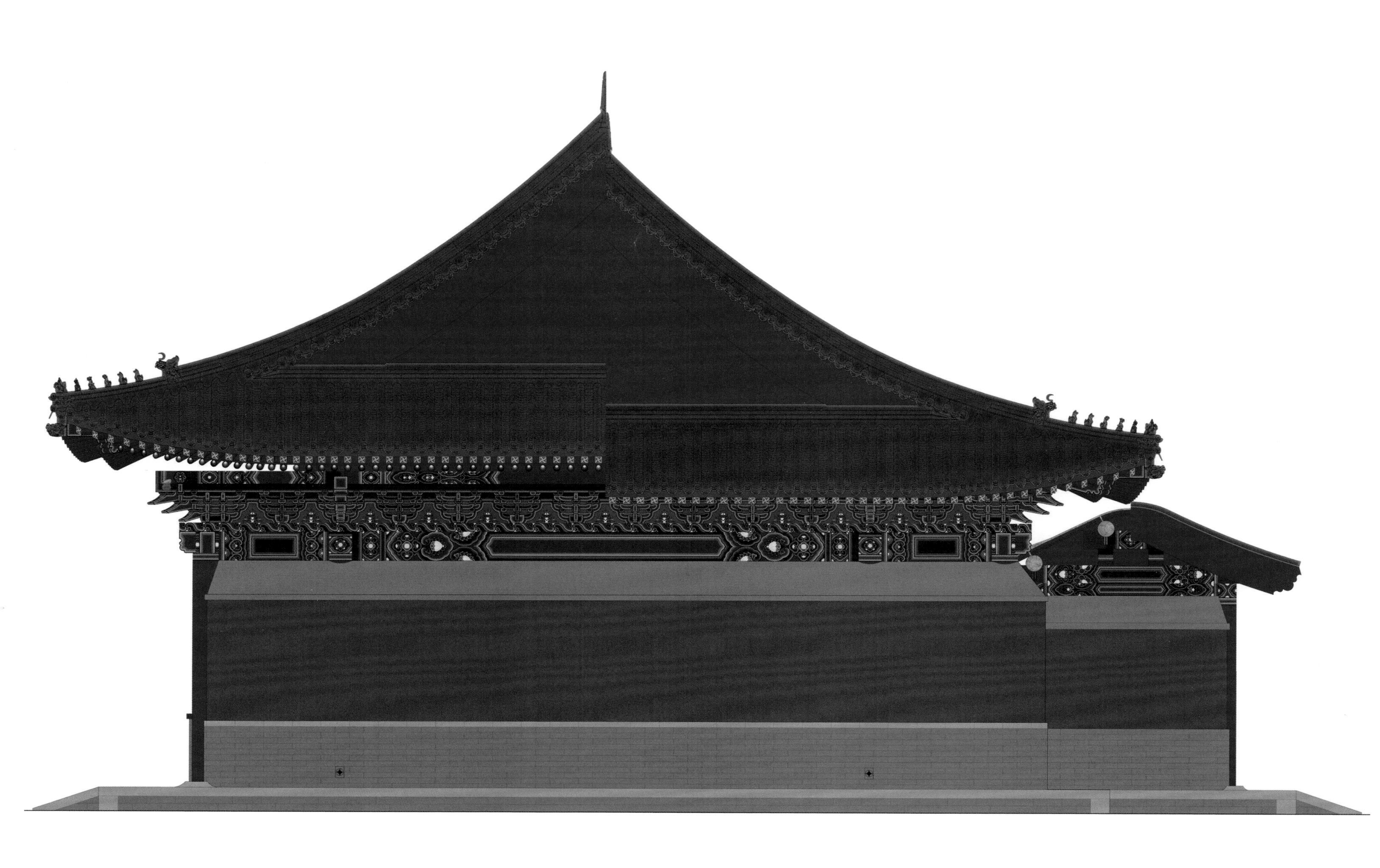

北京智化寺智化殿侧立面图（彩图）

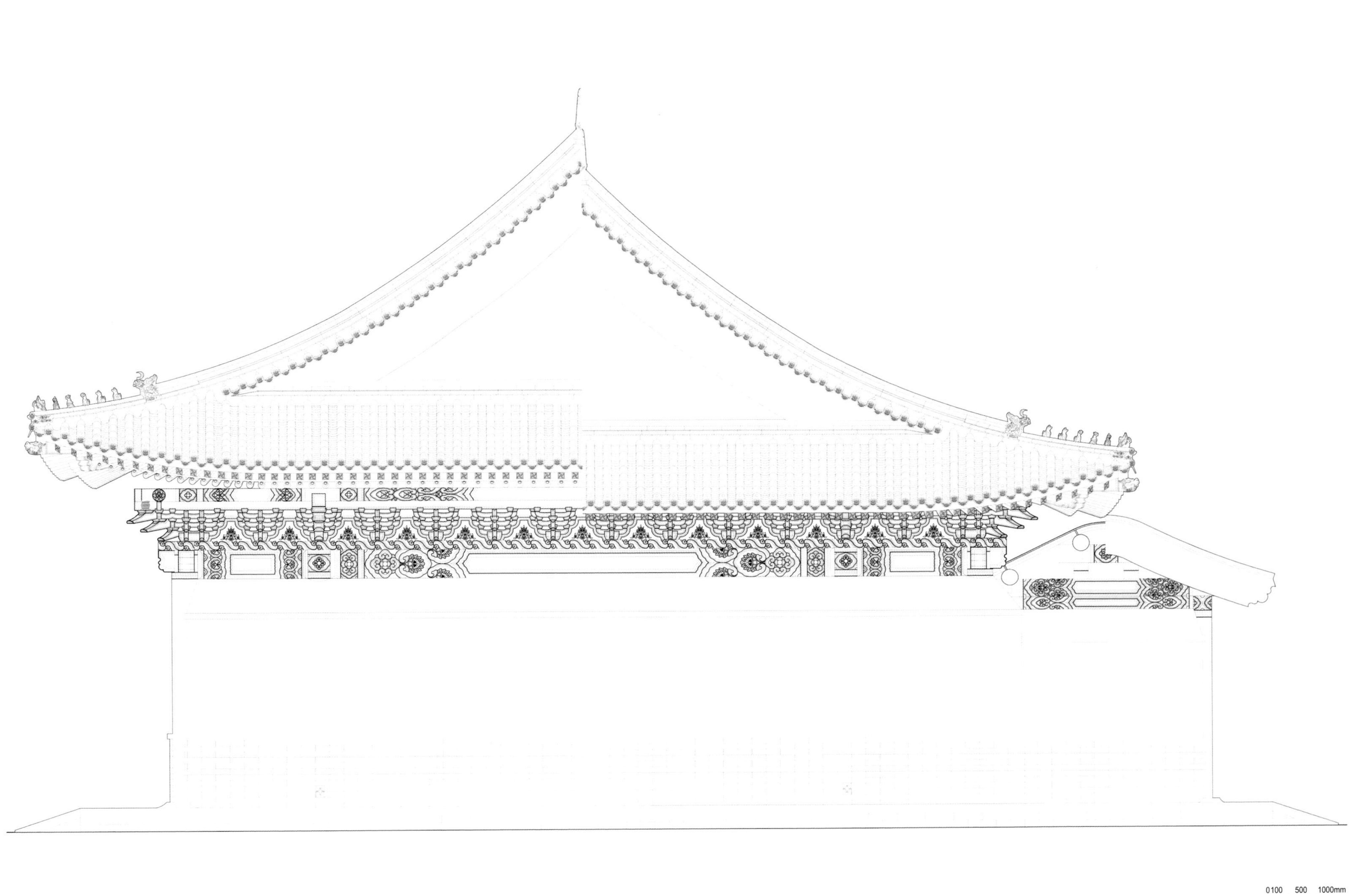

北京智化寺智化殿侧立面图（线图）

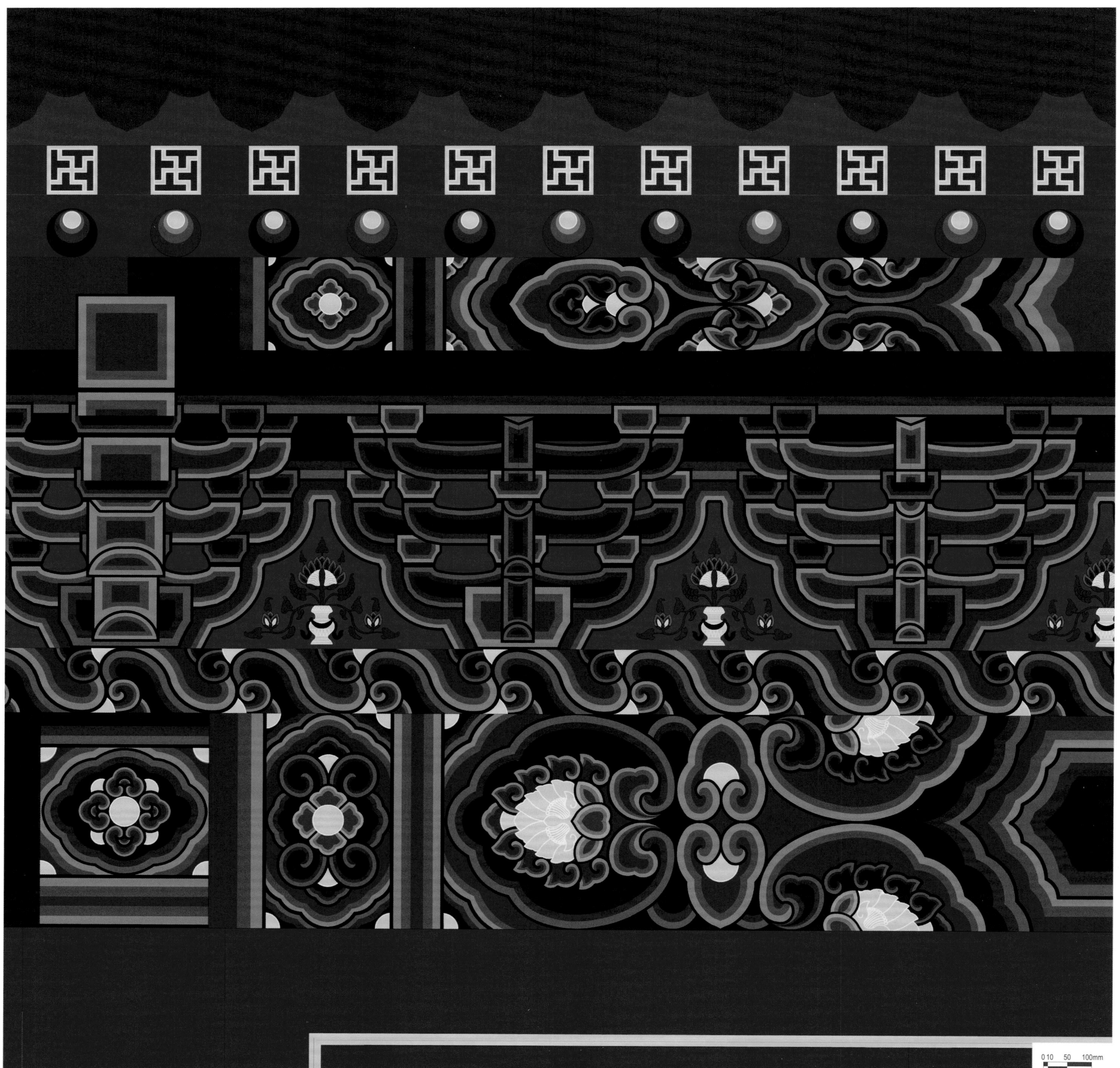

北京智化寺智化殿檐面明间半间局部图（彩图）

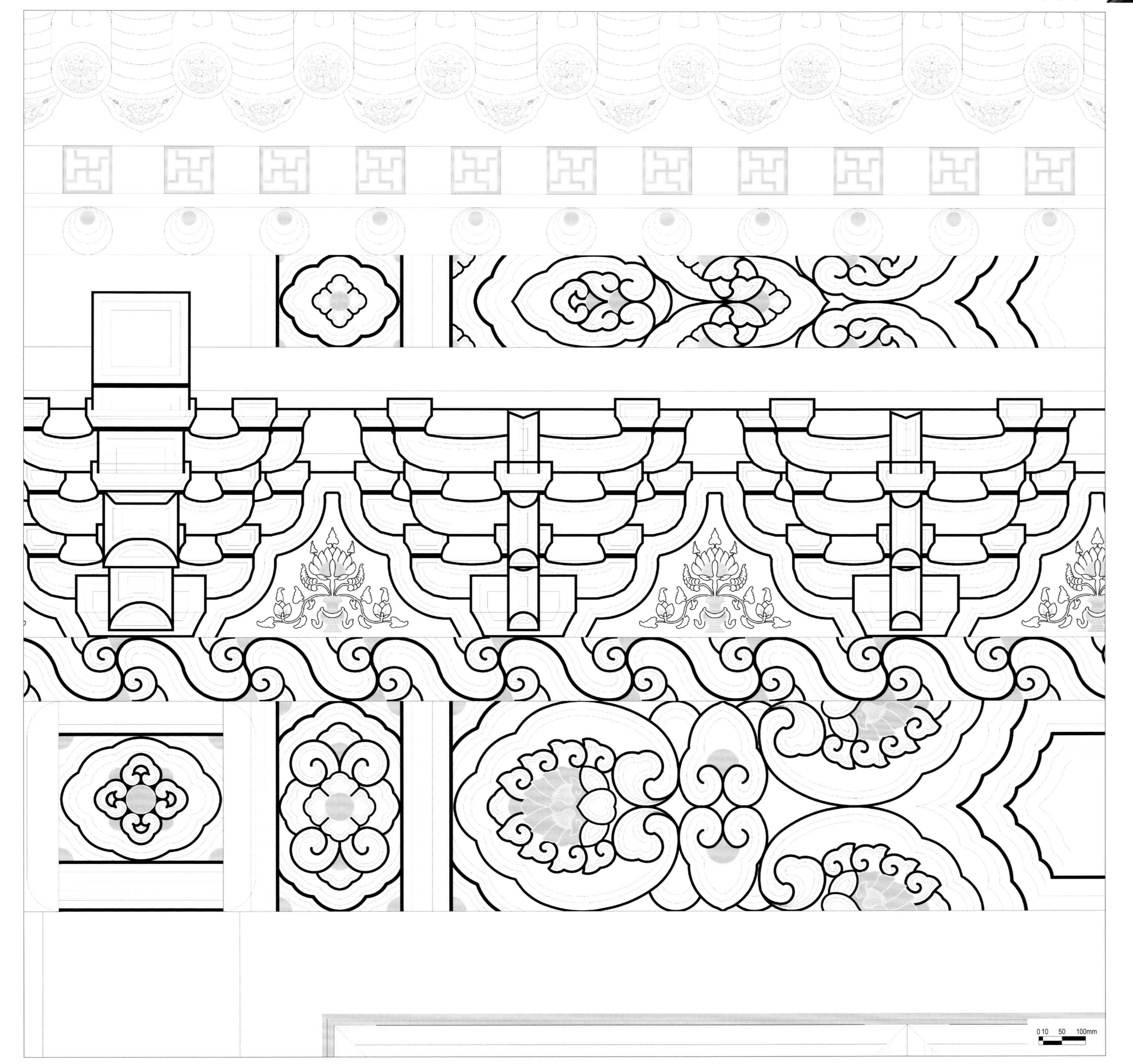

北京智化寺智化殿檐面明间半间局部图（线图）

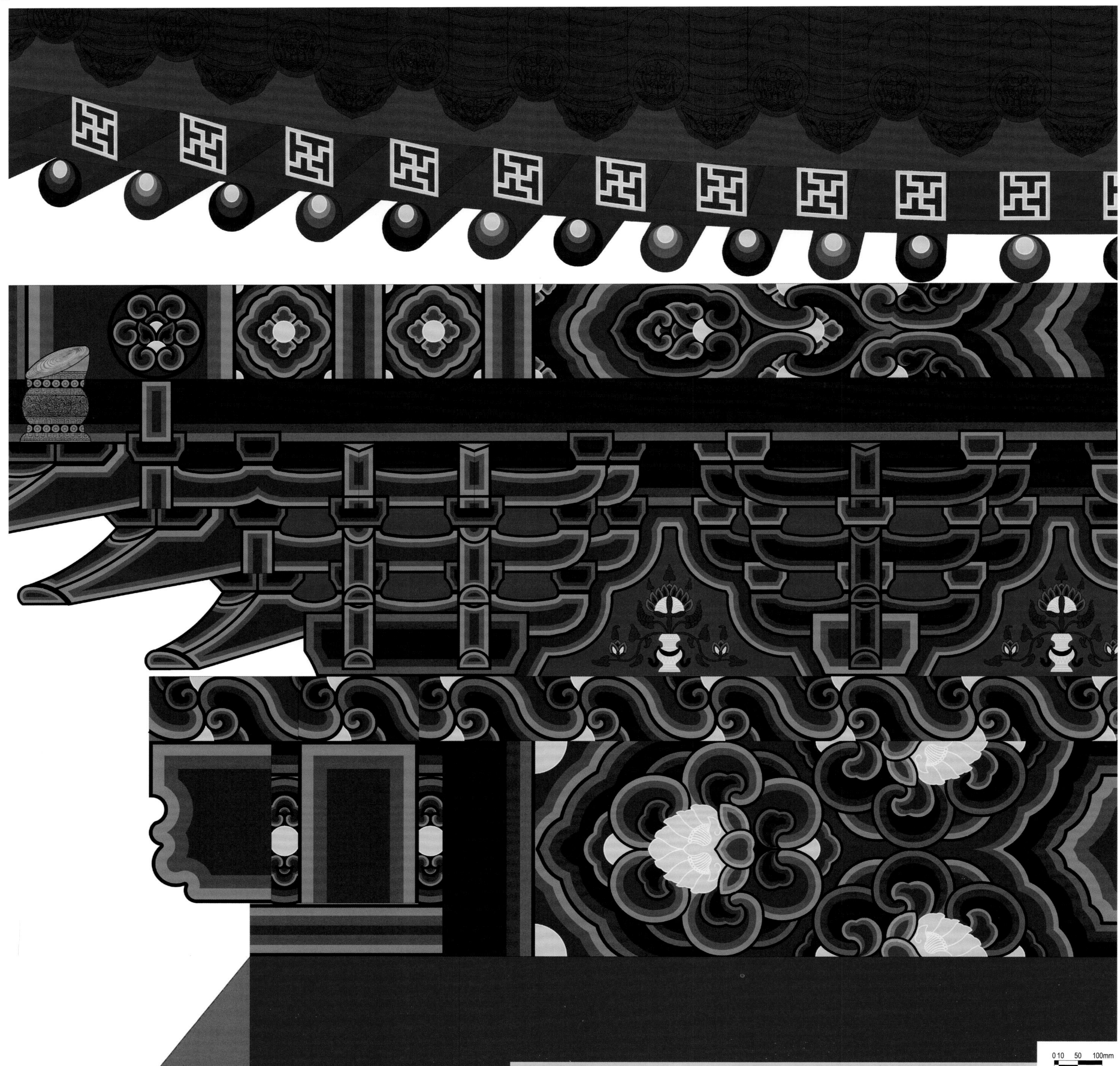

北京智化寺智化殿檐面次间半间局部图（彩图）

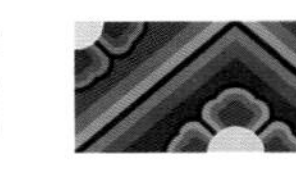

北京智化寺智化殿檐面次间半间局部图（线图）

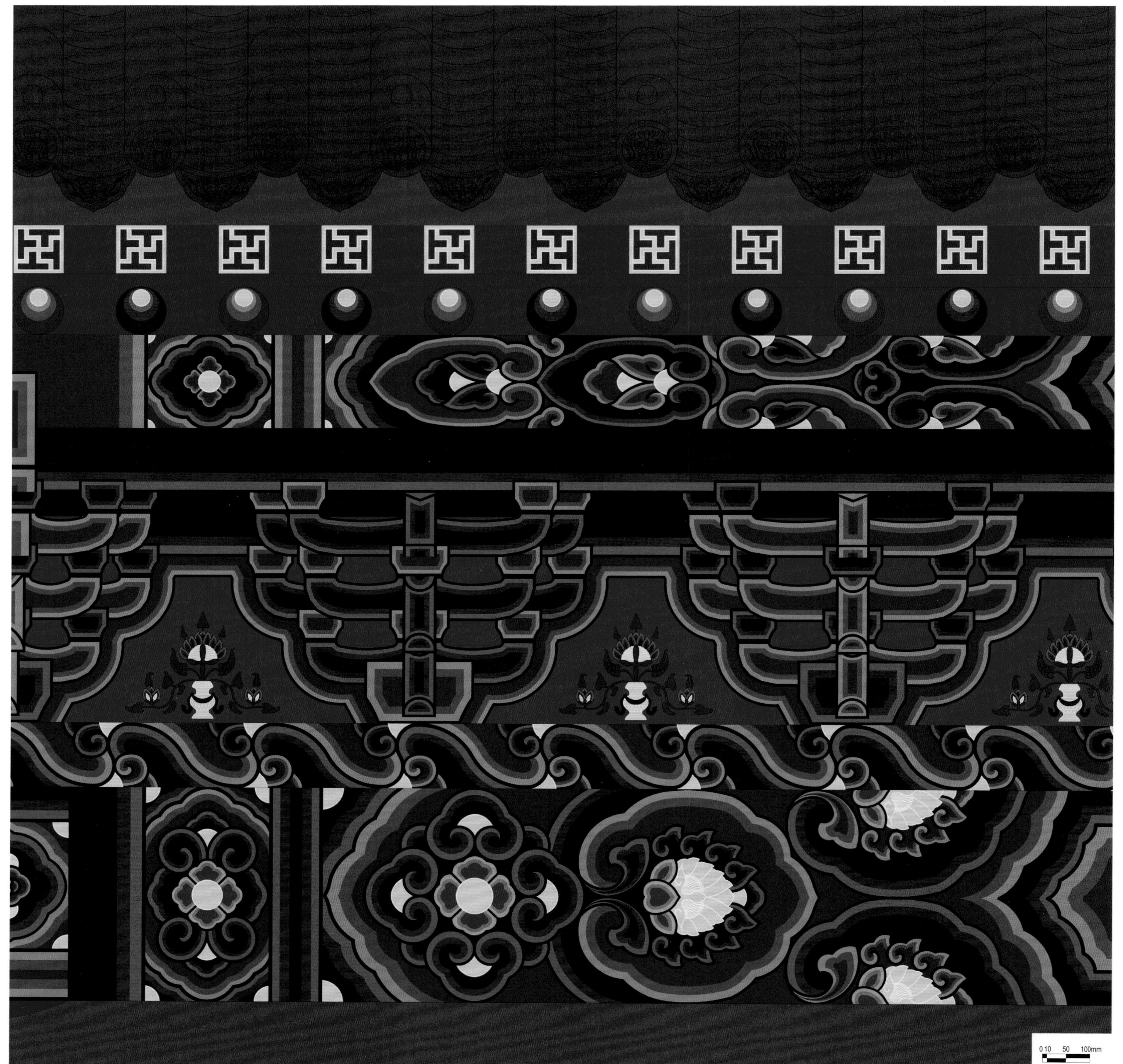

北京智化寺智化殿山面明间半间局部图（彩图）

北京智化寺智化殿山面明间半间局部图（线图）

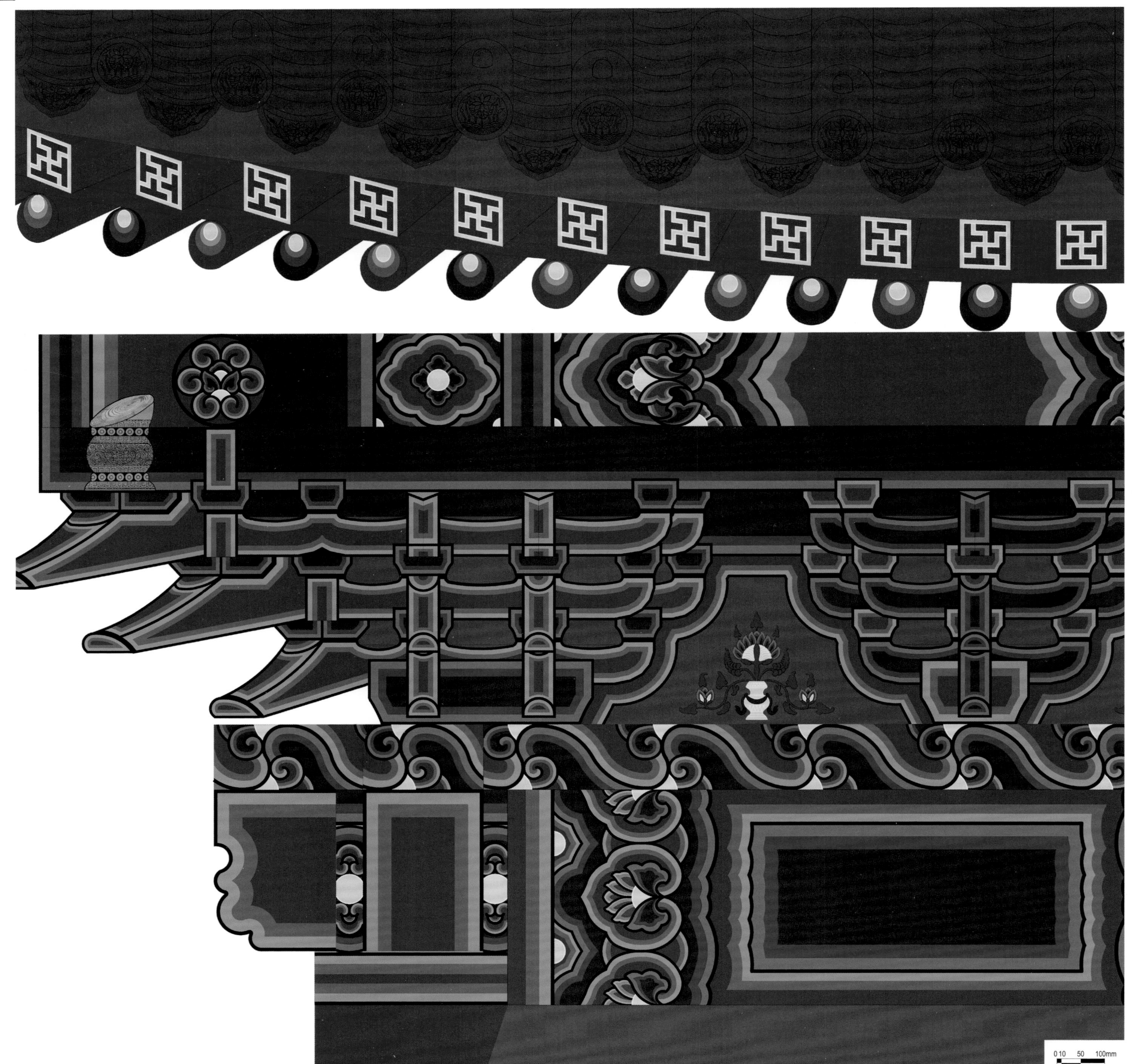

北京智化寺智化殿山面次间半间局部图（彩图）

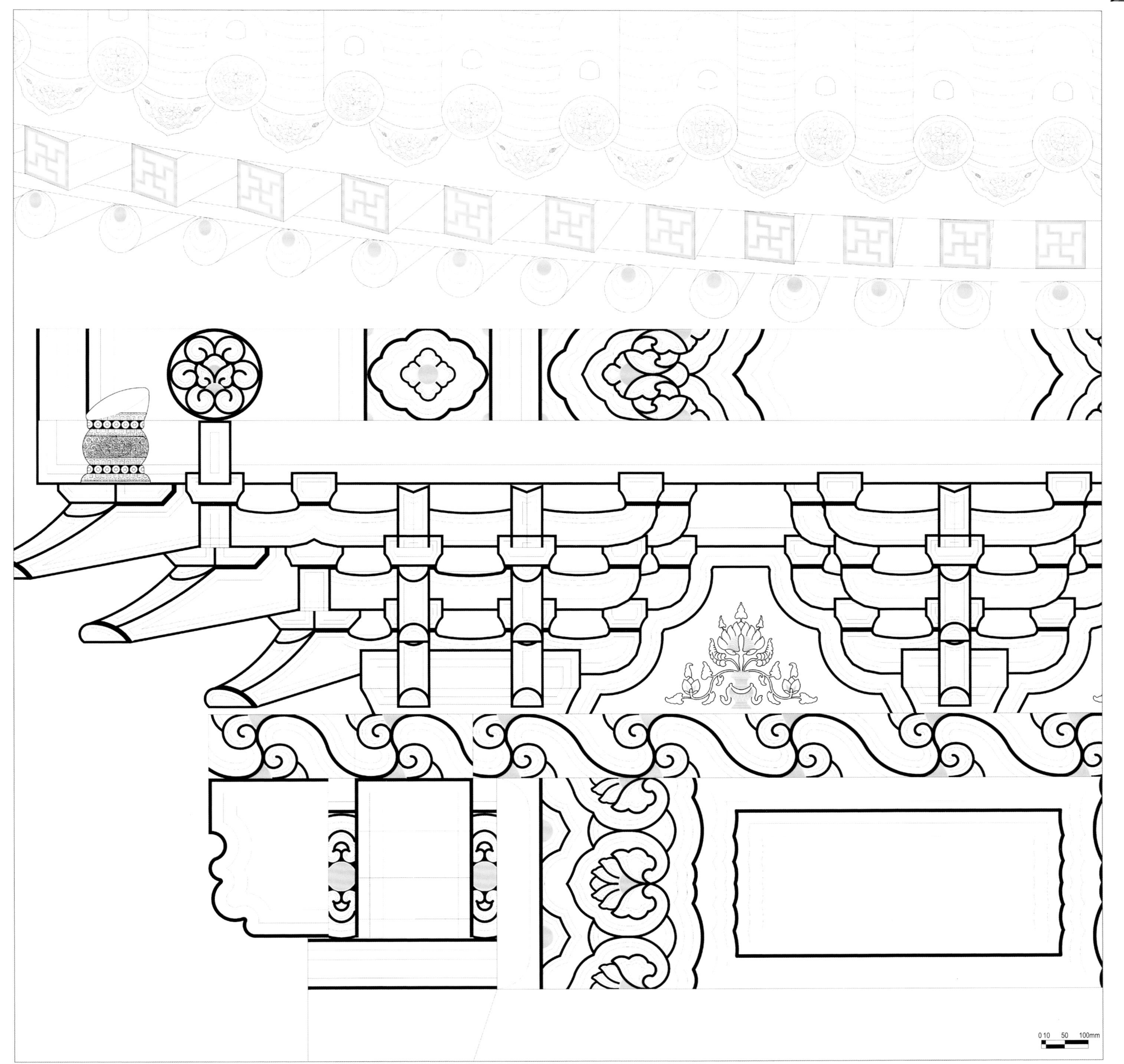

北京智化寺智化殿山面次间半间局部图（线图）

北京智化寺智化殿檐面抱厦半间局部图（彩图）

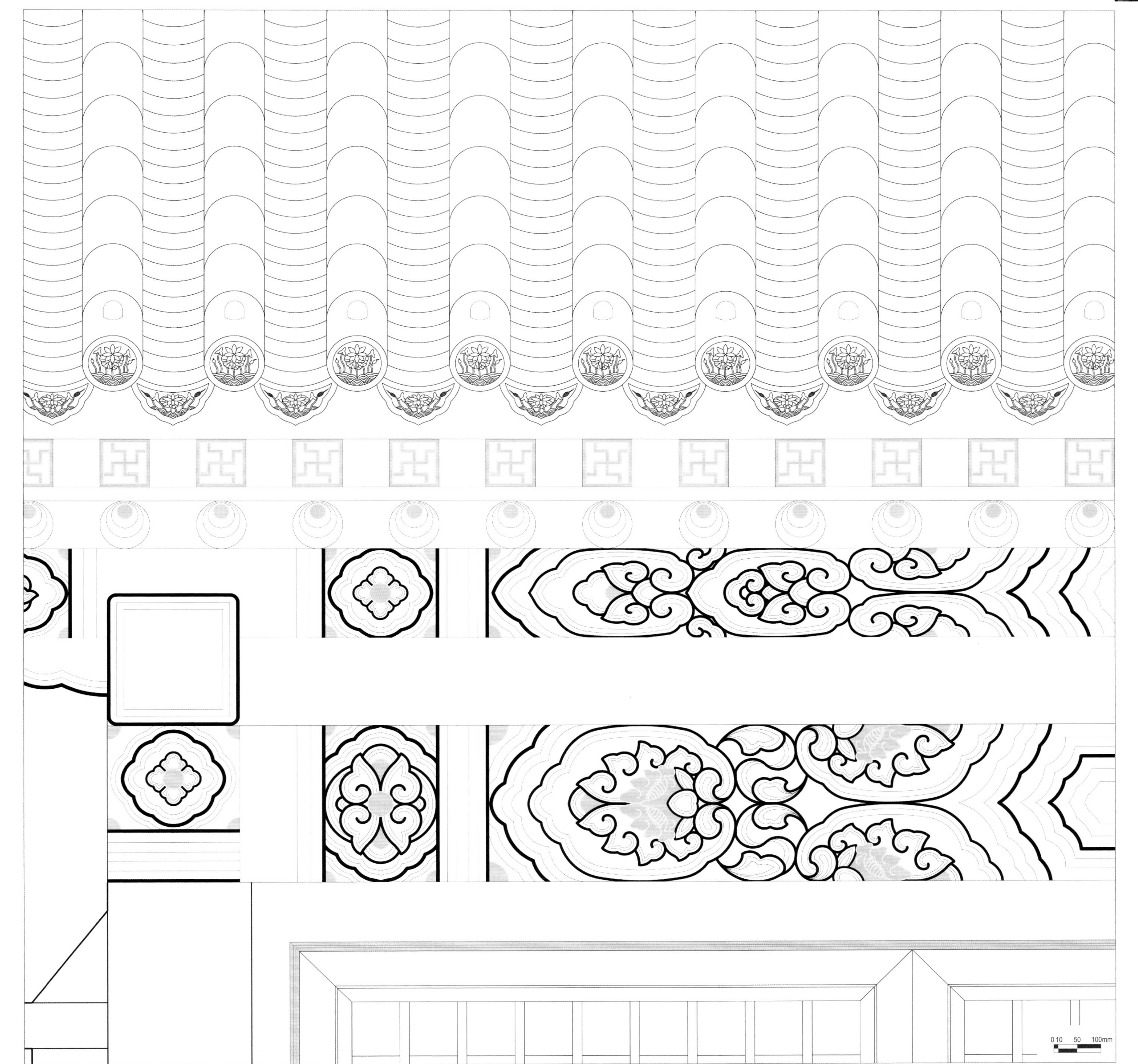

北京智化寺智化殿檐面抱厦半间局部图（线图）

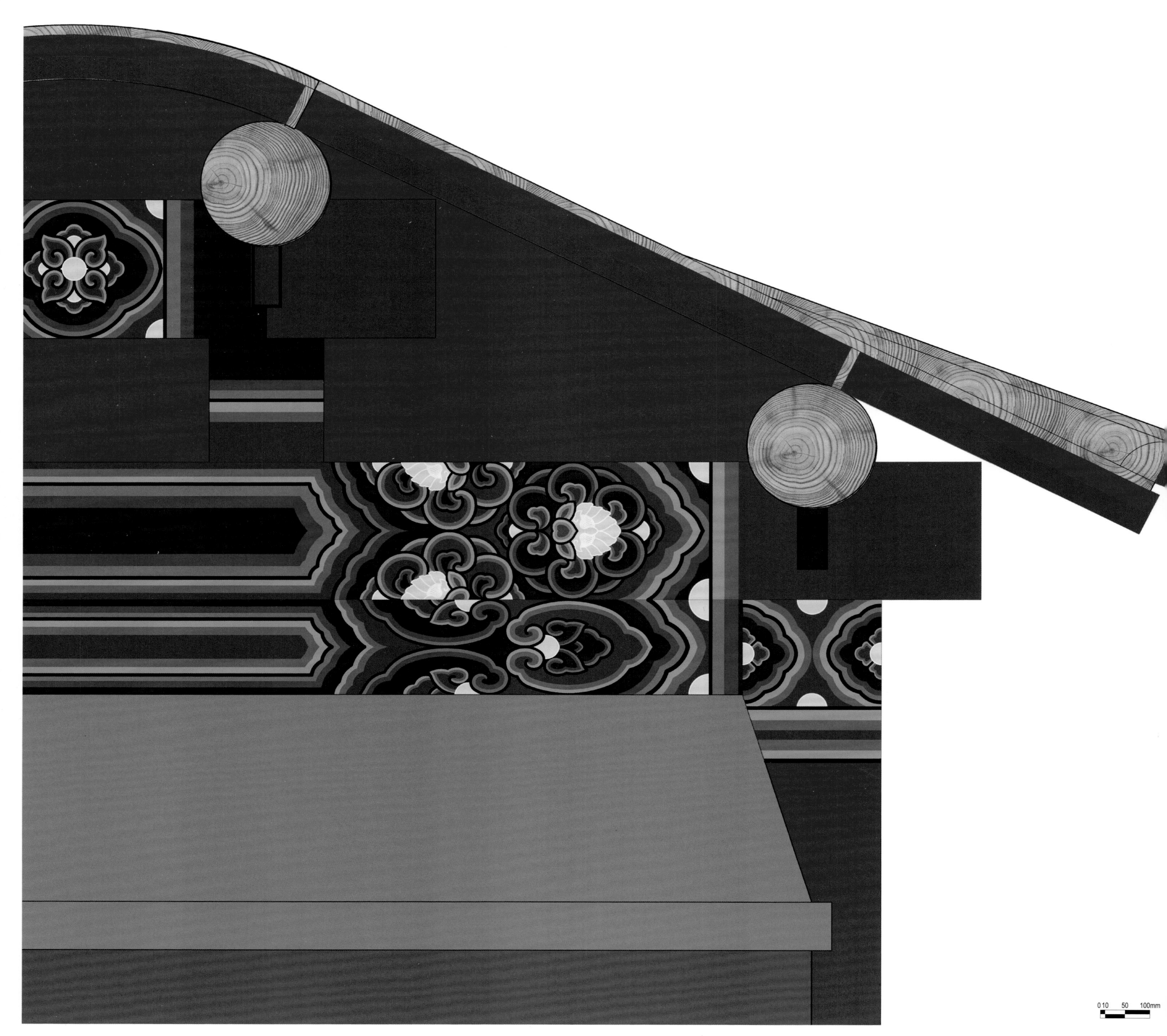

北京智化寺智化殿山面抱厦半间局部图（彩图）

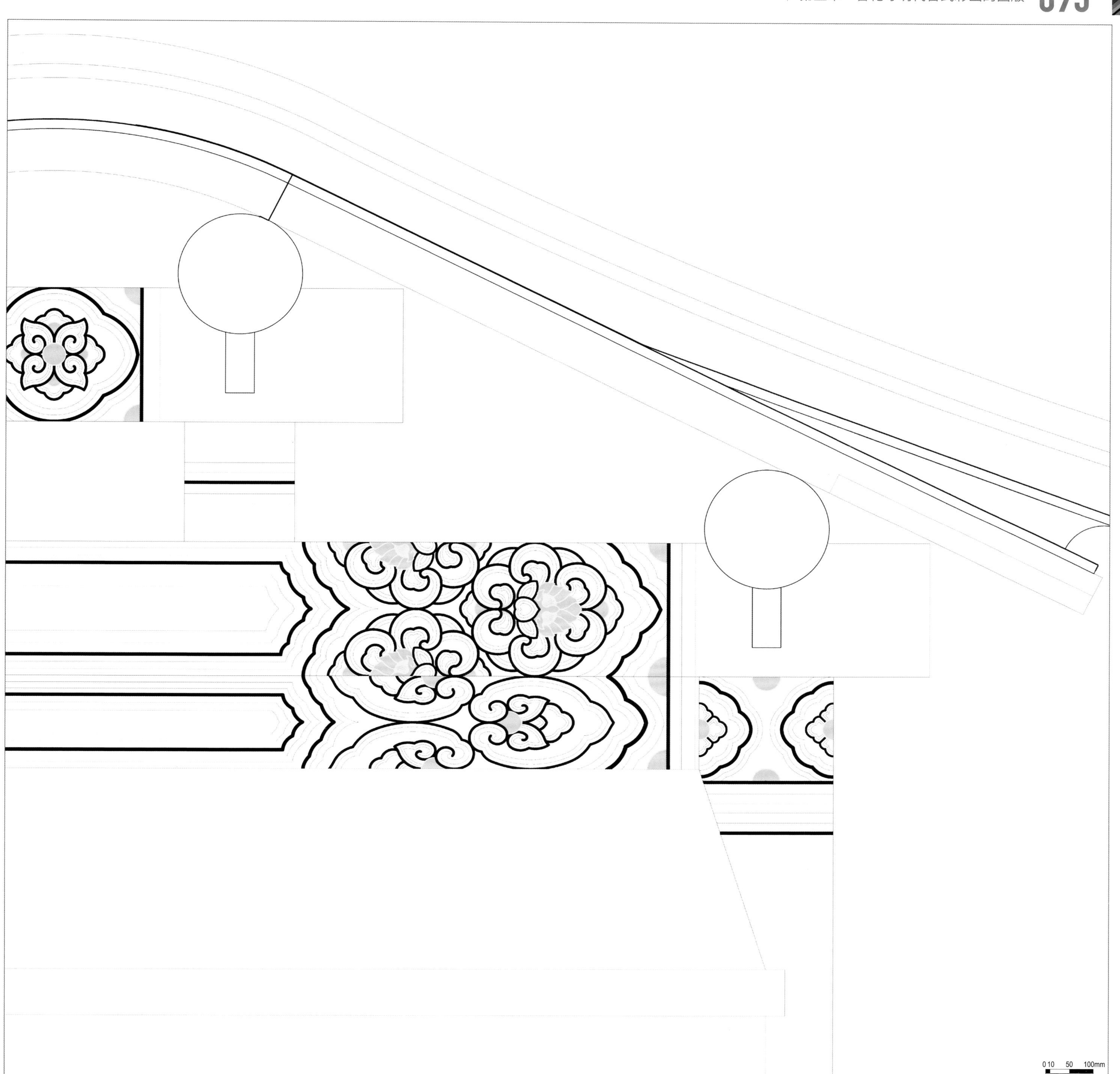

北京智化寺智化殿山面抱厦半间局部图（线图）

万佛阁勾头滴水纹饰图

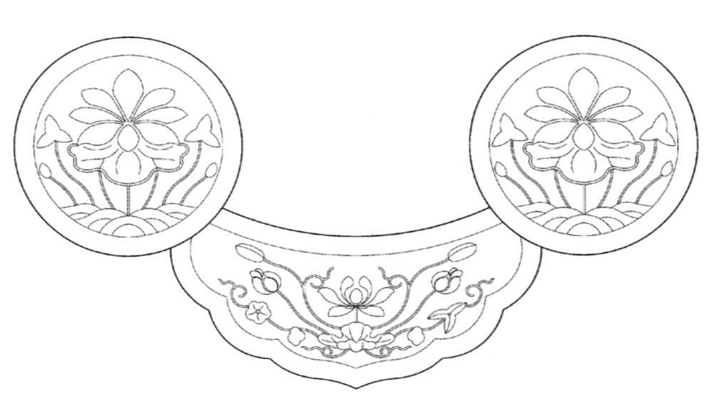

如来殿勾头滴水纹饰图

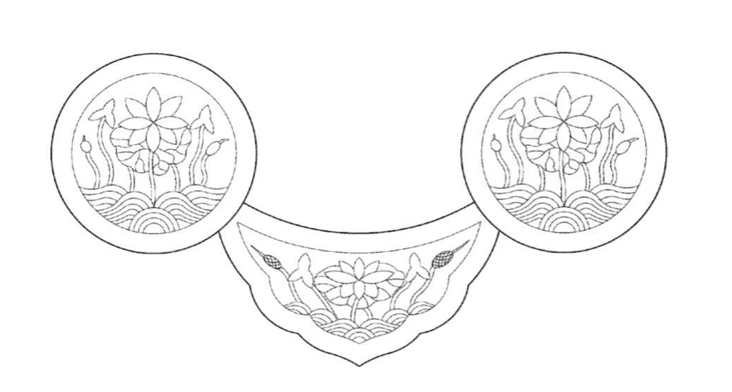

智化殿勾头滴水纹饰图

0 10 50 100mm

北京智化寺如来殿、万佛阁、智化殿细部图（线图）

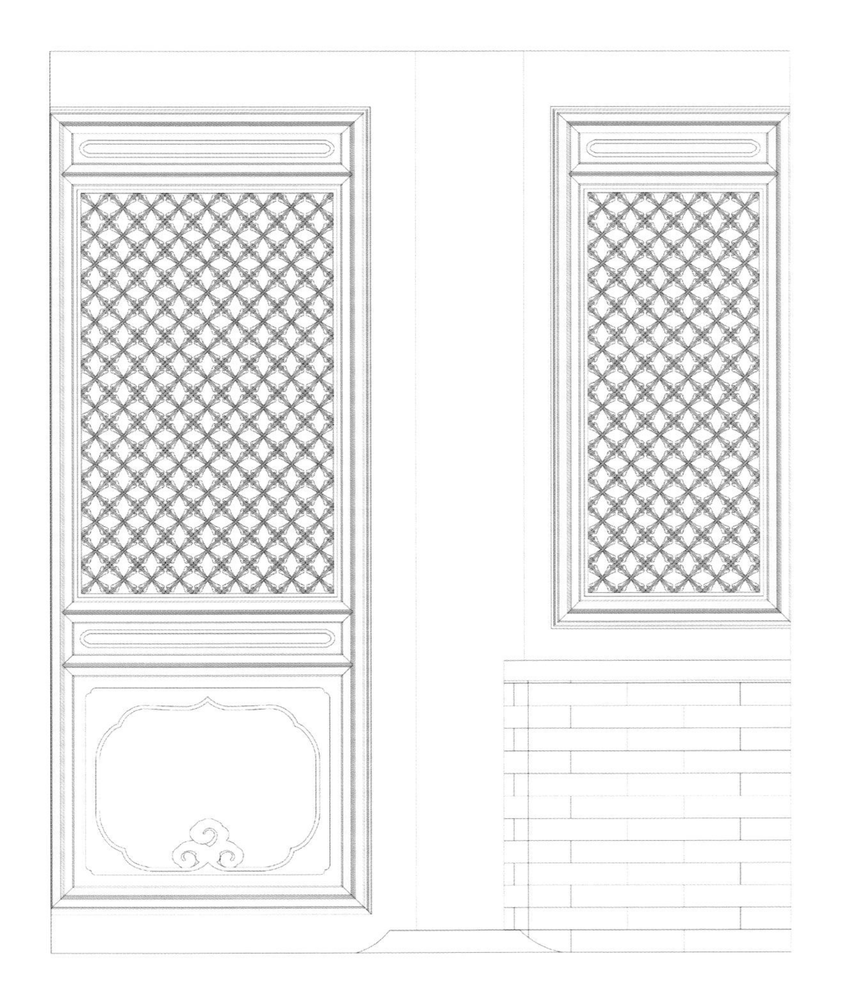

0 100 500 1000mm

北京智化寺如来殿、万佛阁、智化殿门窗图（线图）

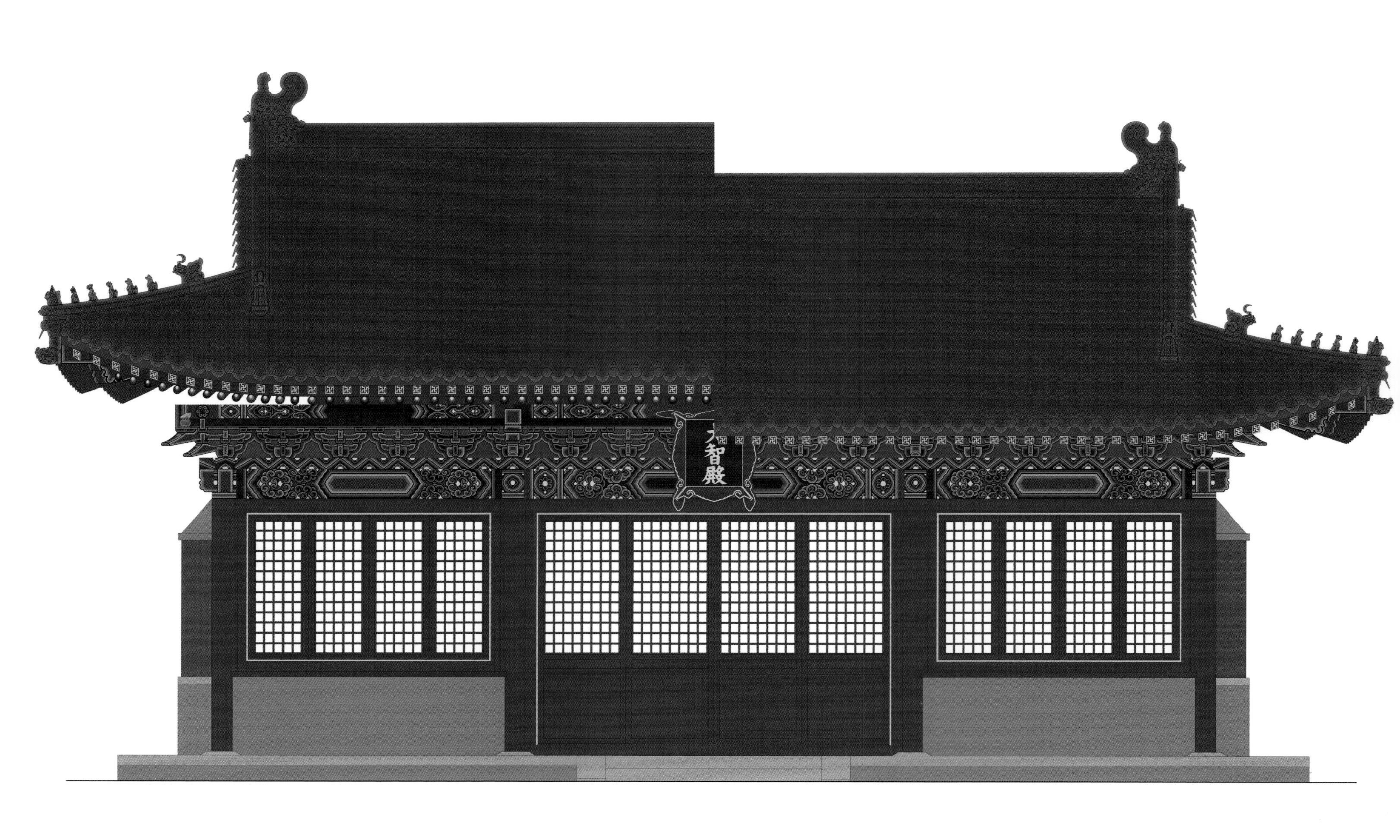

北京智化寺大智殿、藏殿正立面图（彩图）

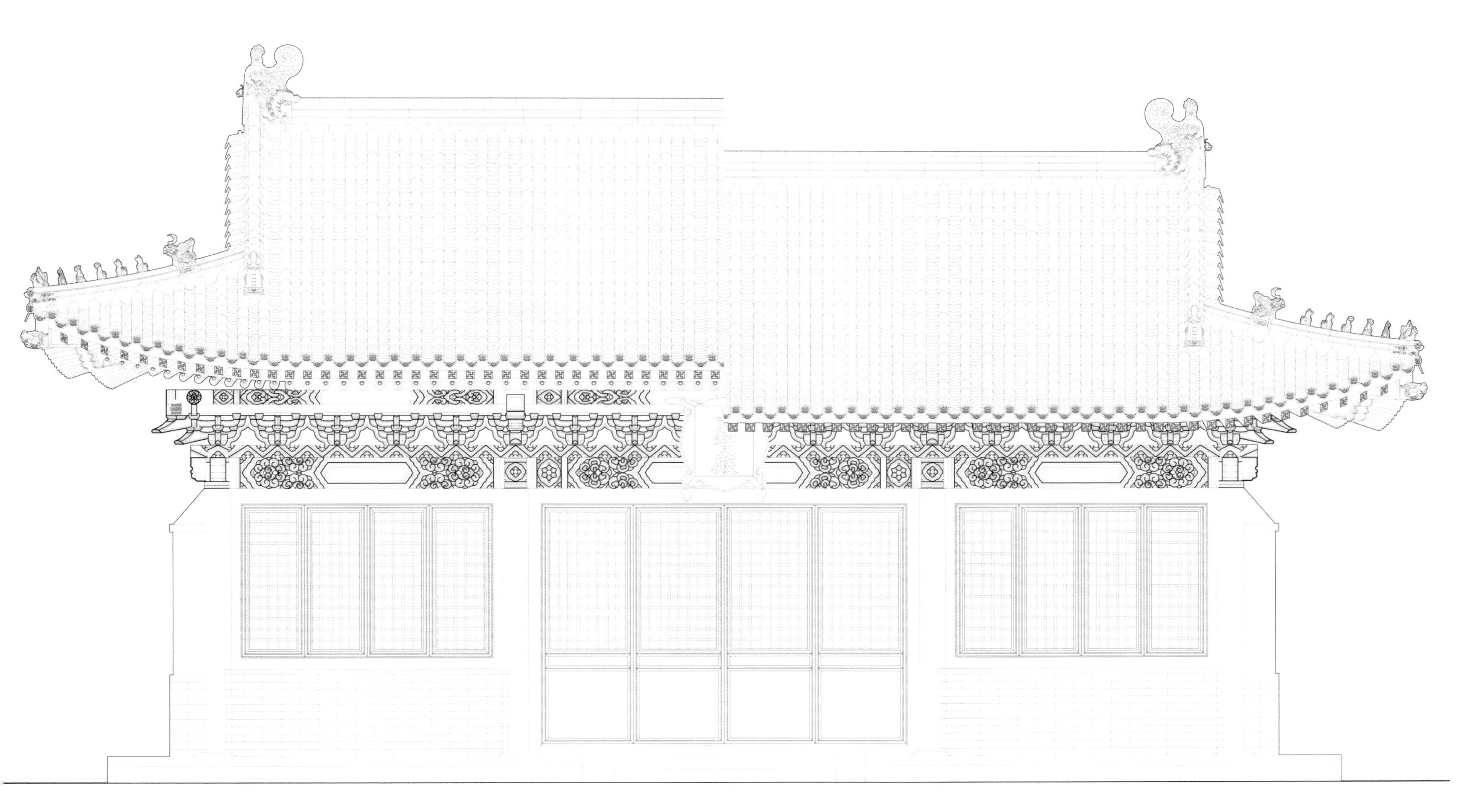

北京智化寺大智殿、藏殿正立面图（线图）

北京智化寺大智殿、藏殿侧立面图（彩图）

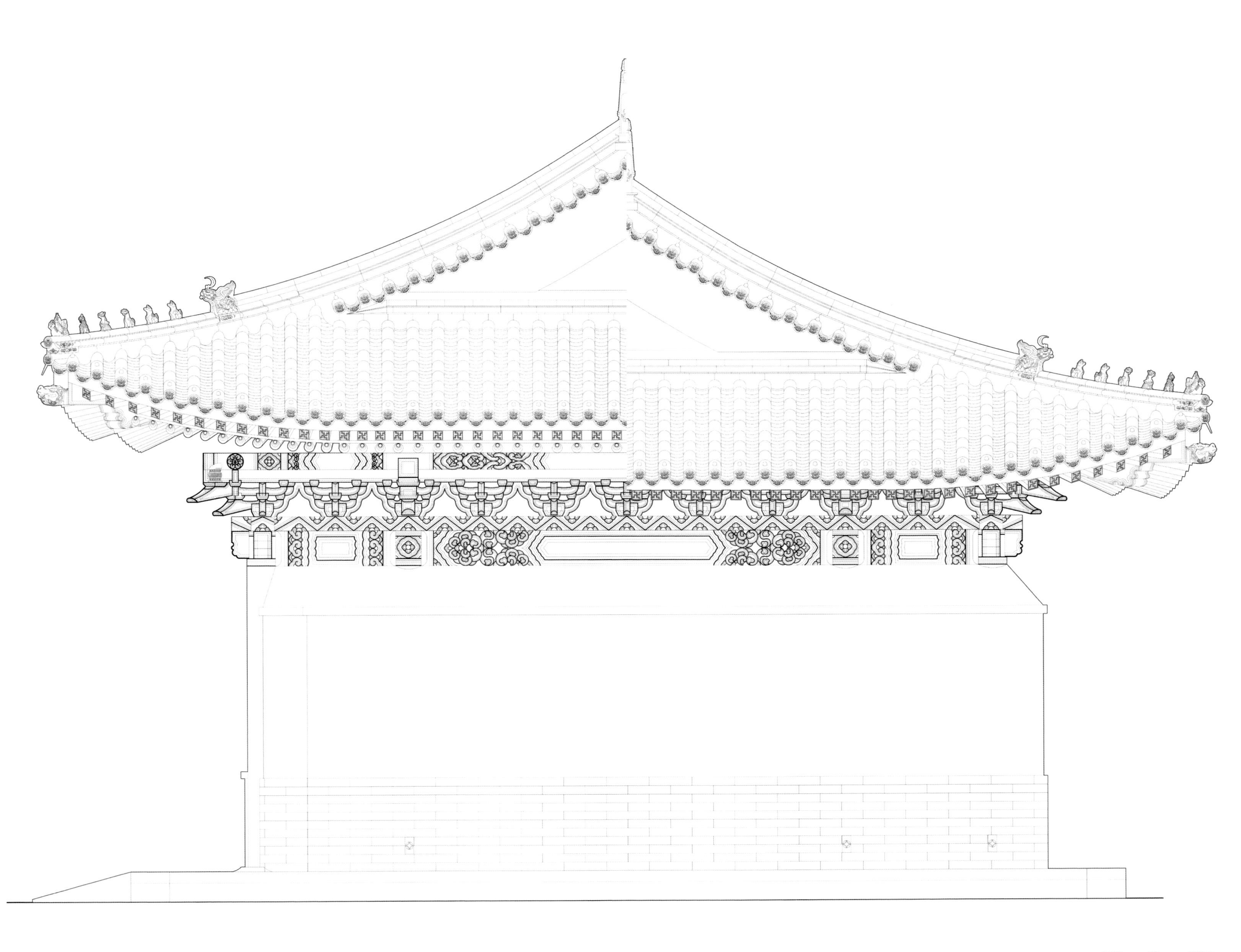

北京智化寺大智殿、藏殿侧立面图（线图）

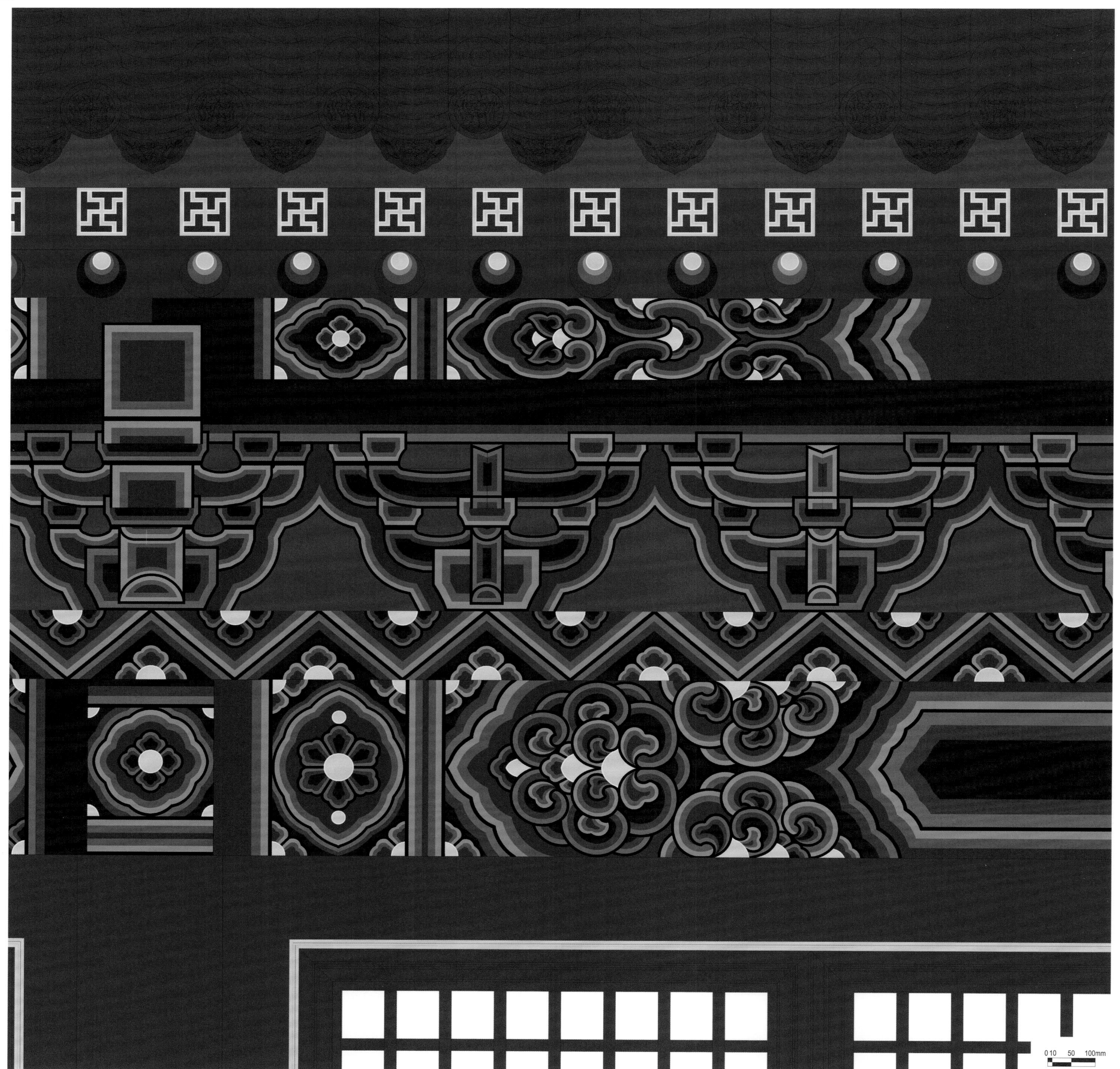

北京智化寺大智殿、藏殿檐面明间半间局部图（彩图）

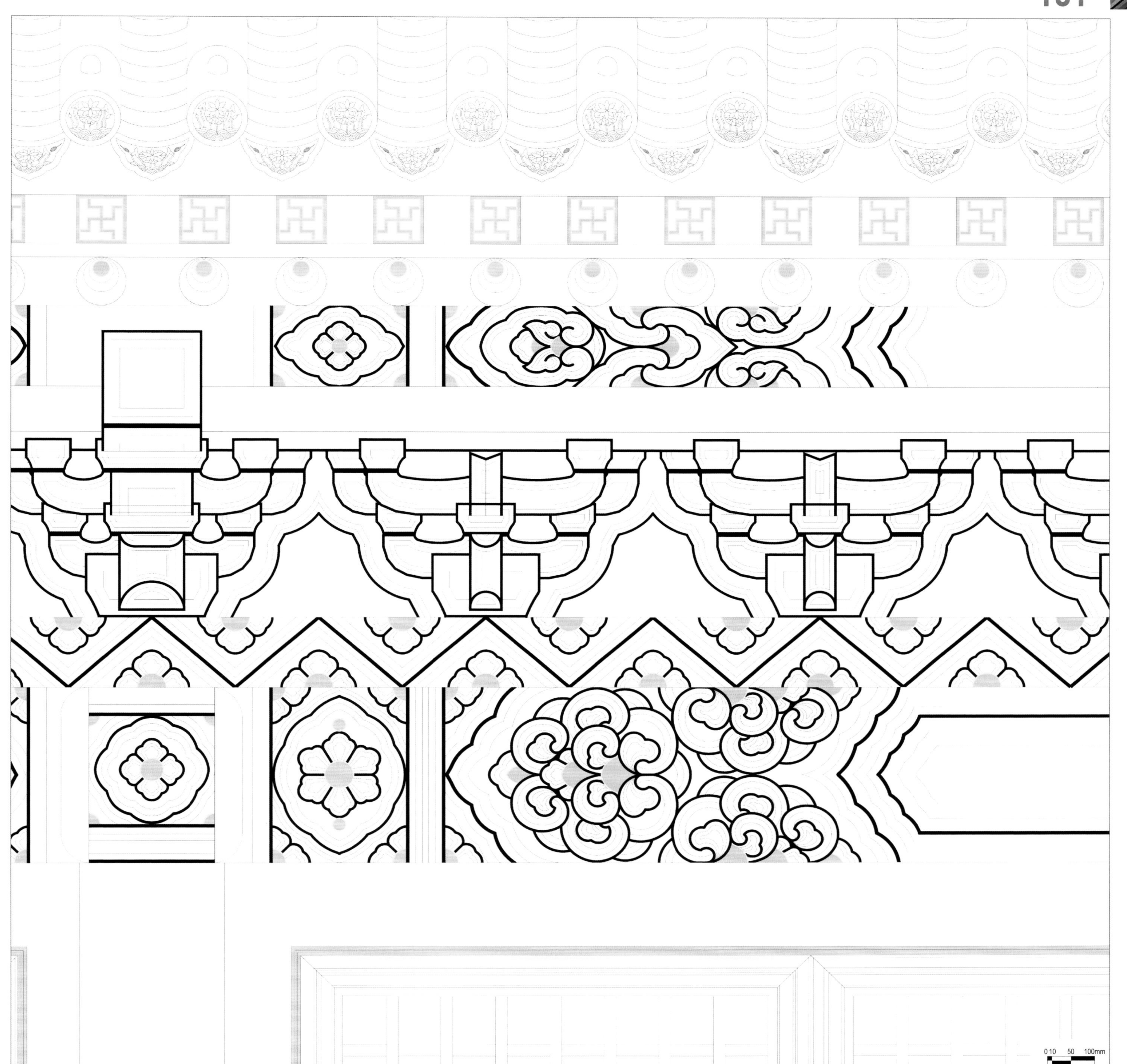

北京智化寺大智殿、藏殿檐面明间半间局部图（线图）

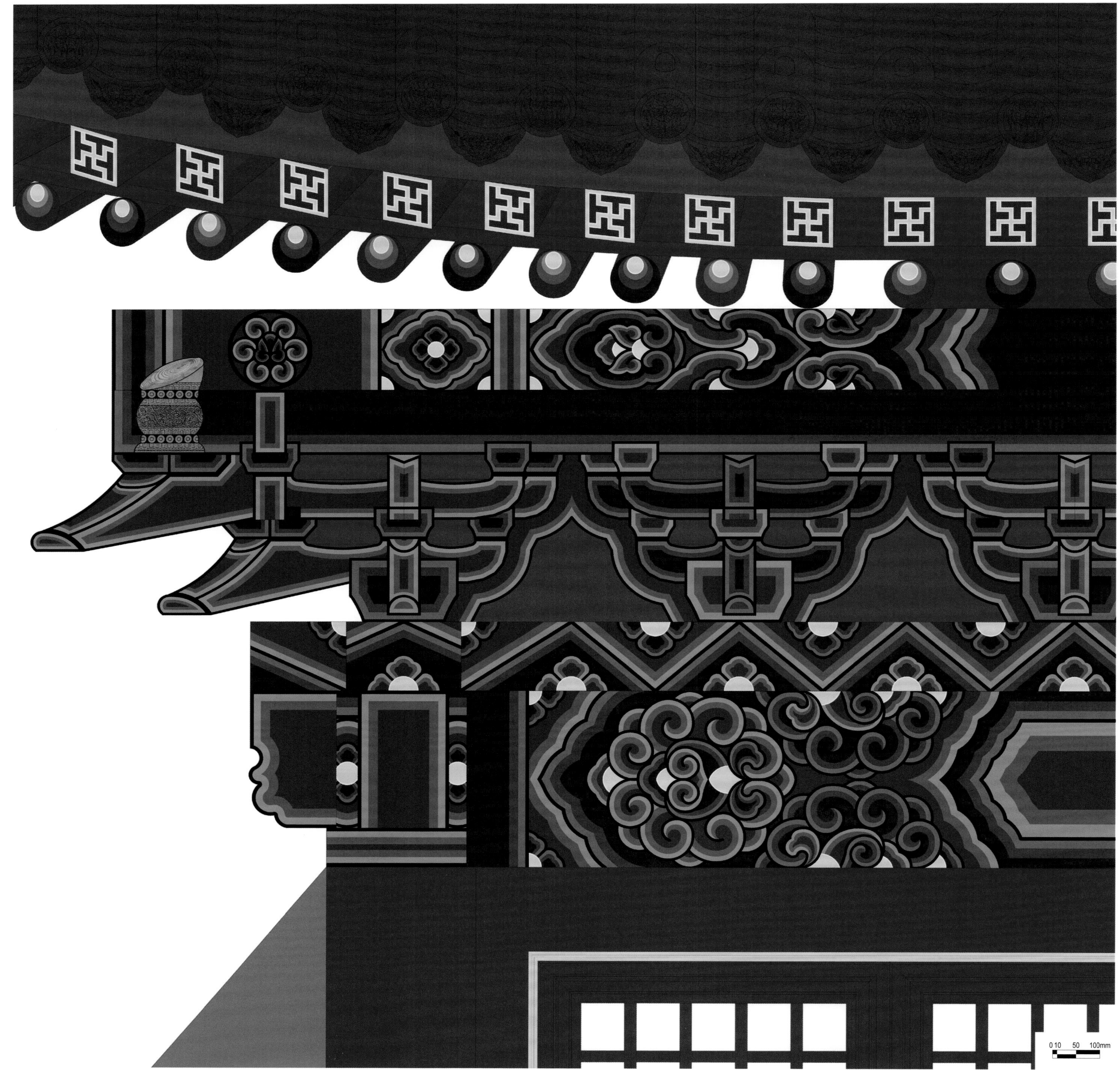

北京智化寺大智殿、藏殿檐面次间半间局部图（彩图）

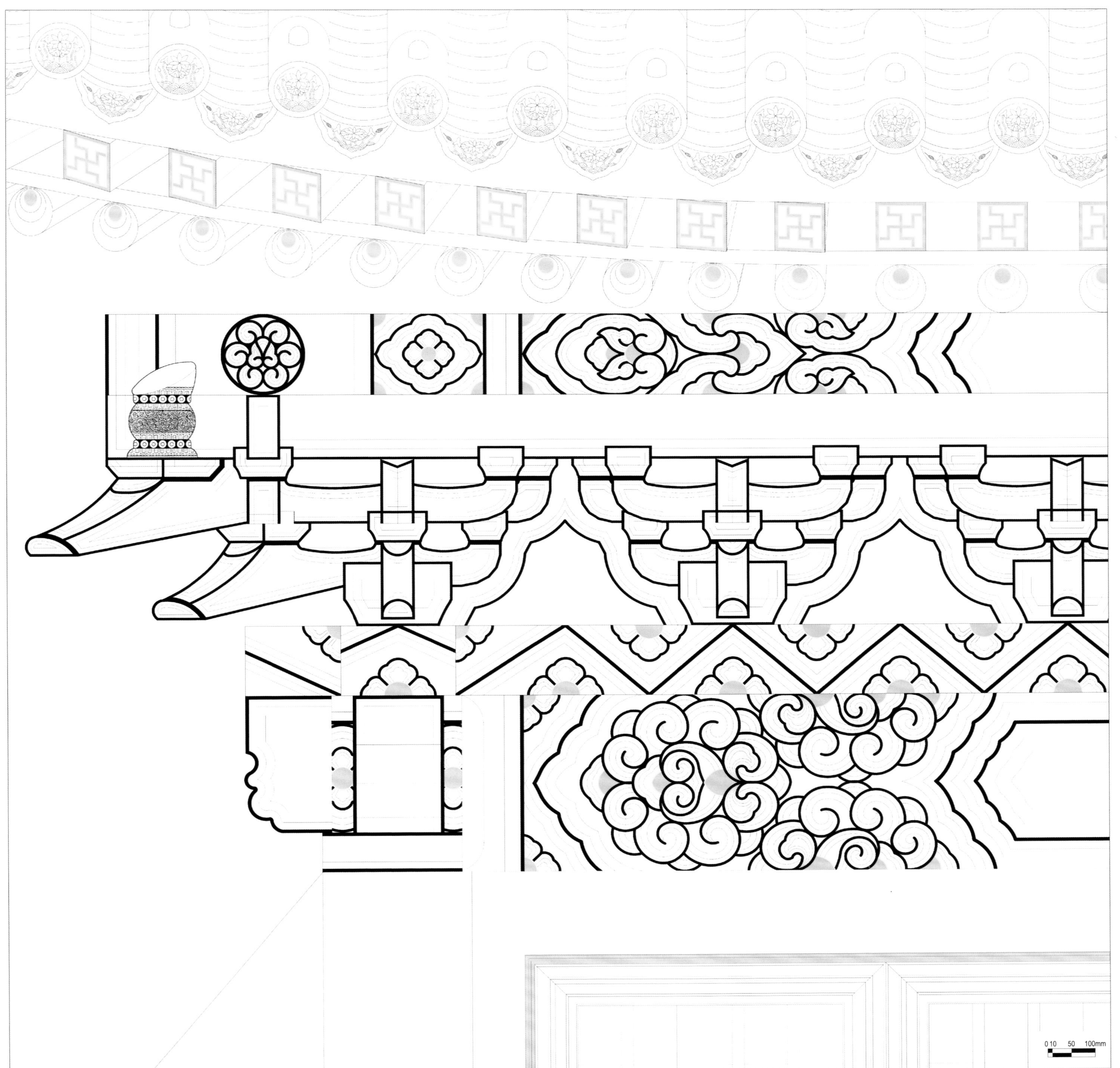

北京智化寺大智殿、藏殿檐面次间半间局部图（线图）

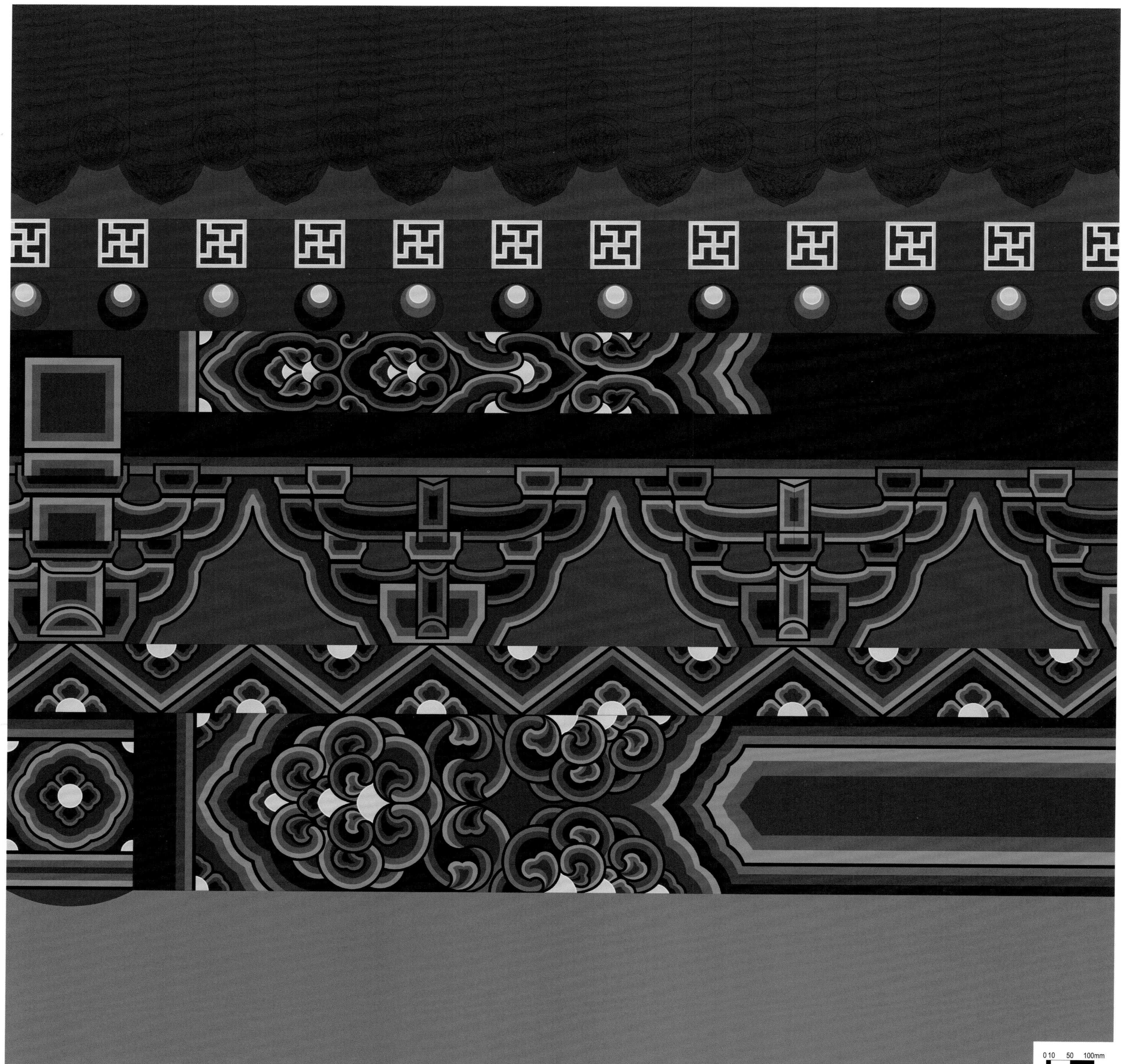

北京智化寺大智殿、藏殿山面明间半间局部图（彩图）

北京智化寺大智殿、藏殿山面明间半间局部图（线图）

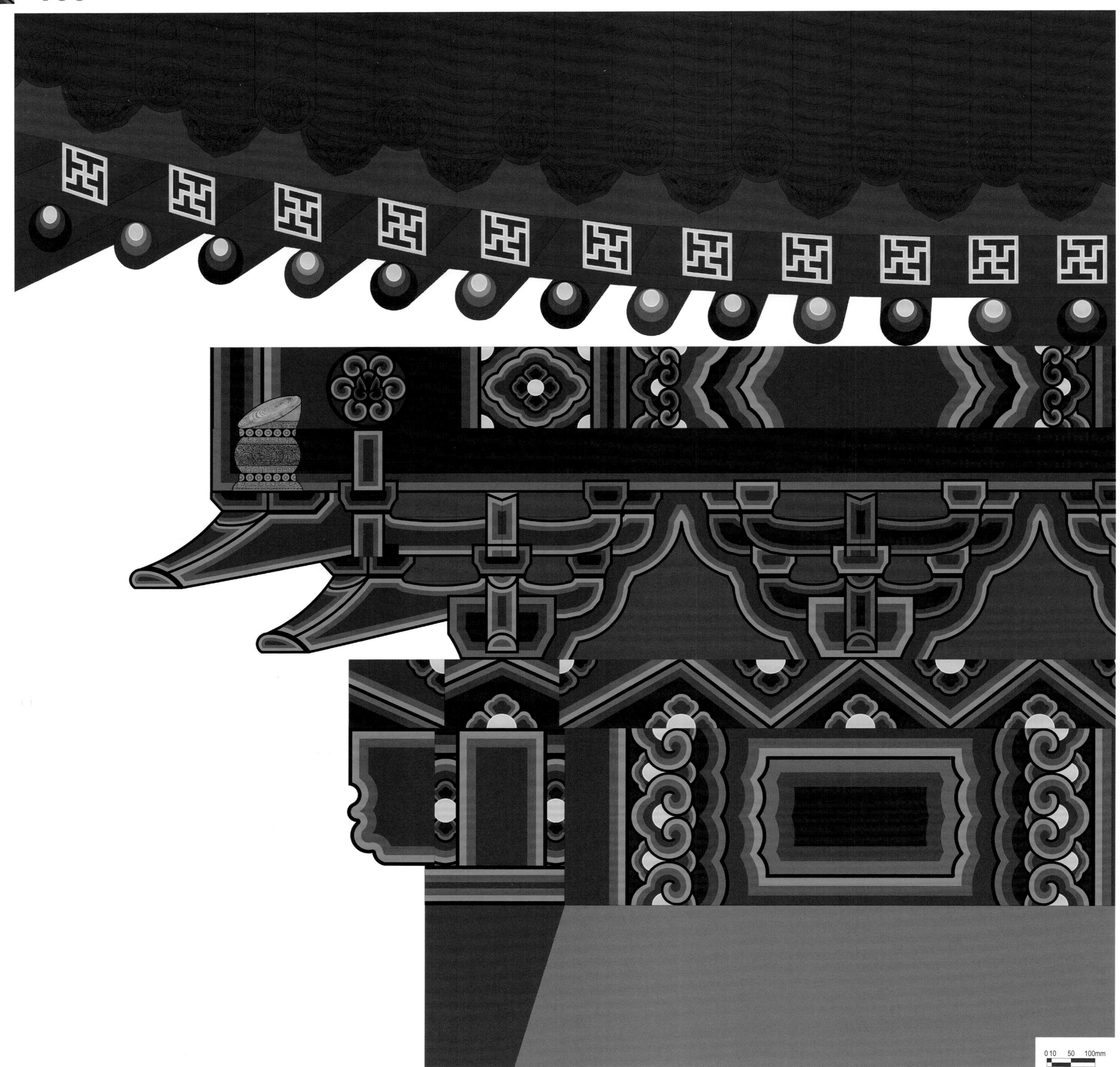

北京智化寺大智殿、藏殿山面次间局部图（彩图）

北京智化寺大智殿、藏殿山面次间局部图（线图）

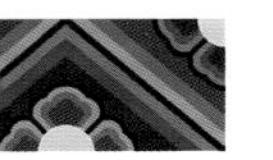

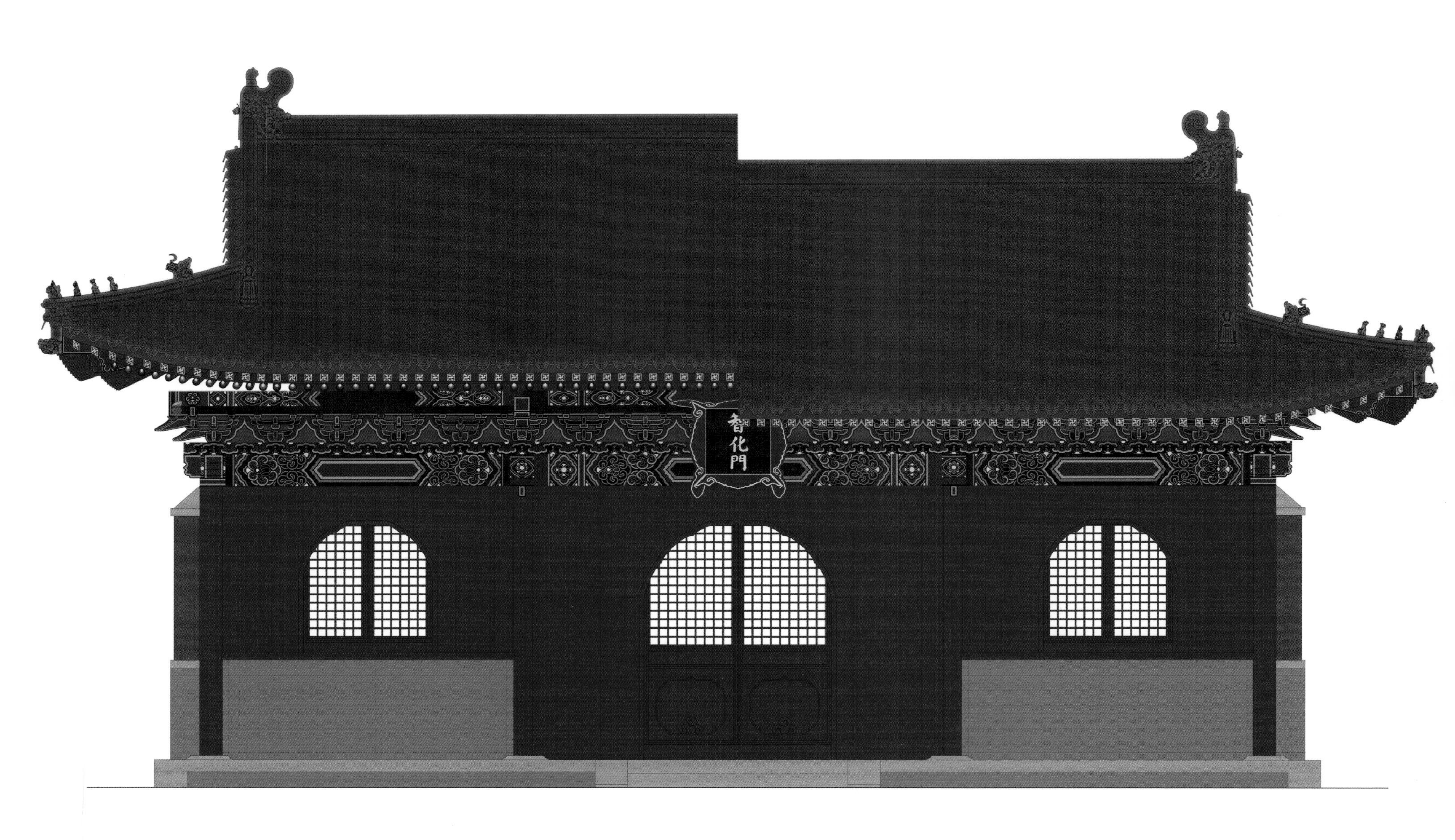

北京智化寺智化门正立面图（彩图）

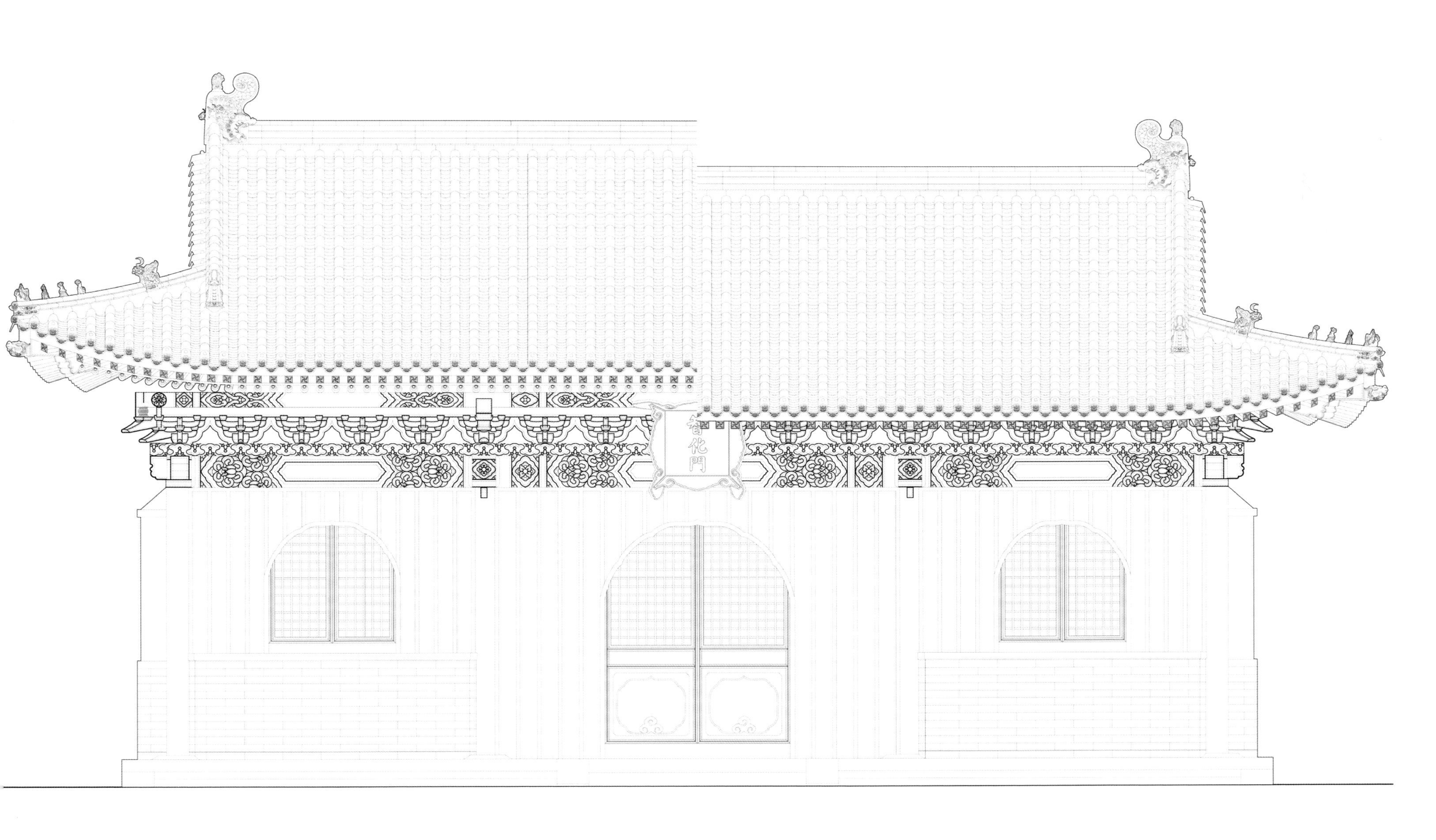

北京智化寺智化门正立面图（线图）

北京智化寺智化门侧立面图（彩图）

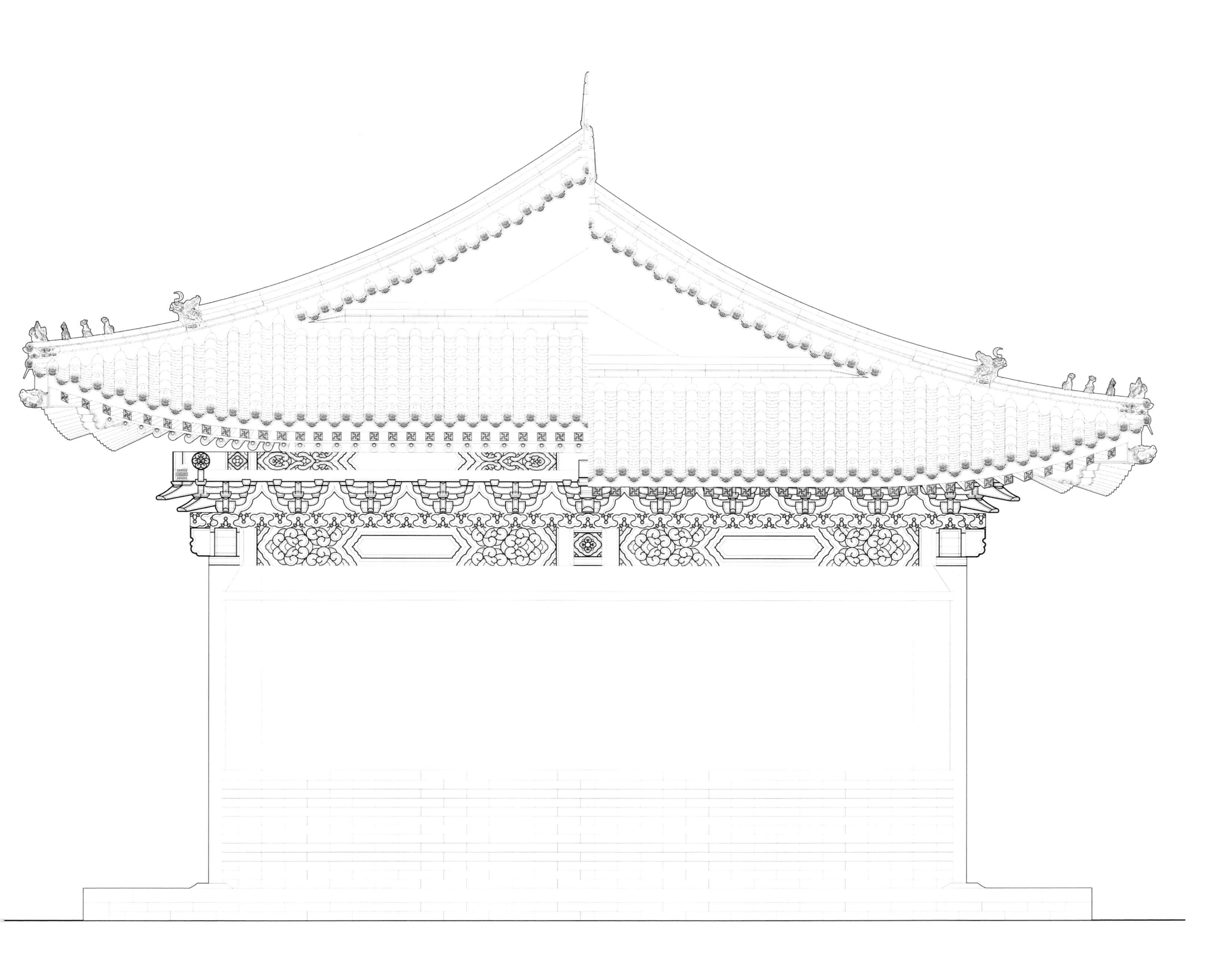

北京智化寺智化门侧立面图（线图）

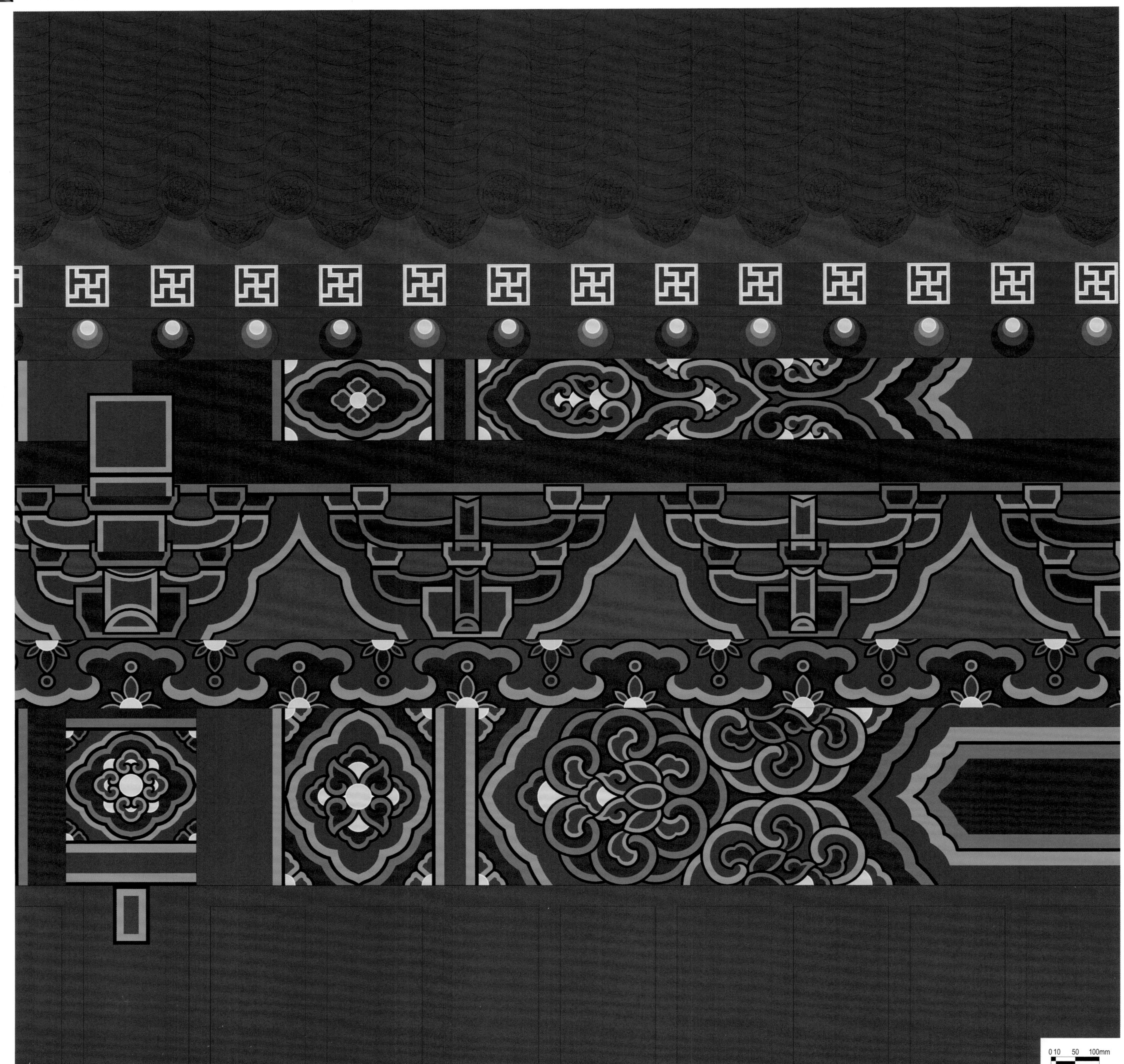

北京智化寺智化门檐面明间半间局部图（彩图）

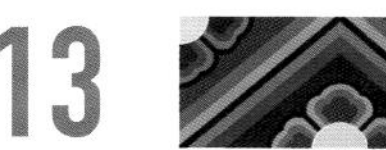

北京智化寺智化门檐面明间半间局部图（线图）

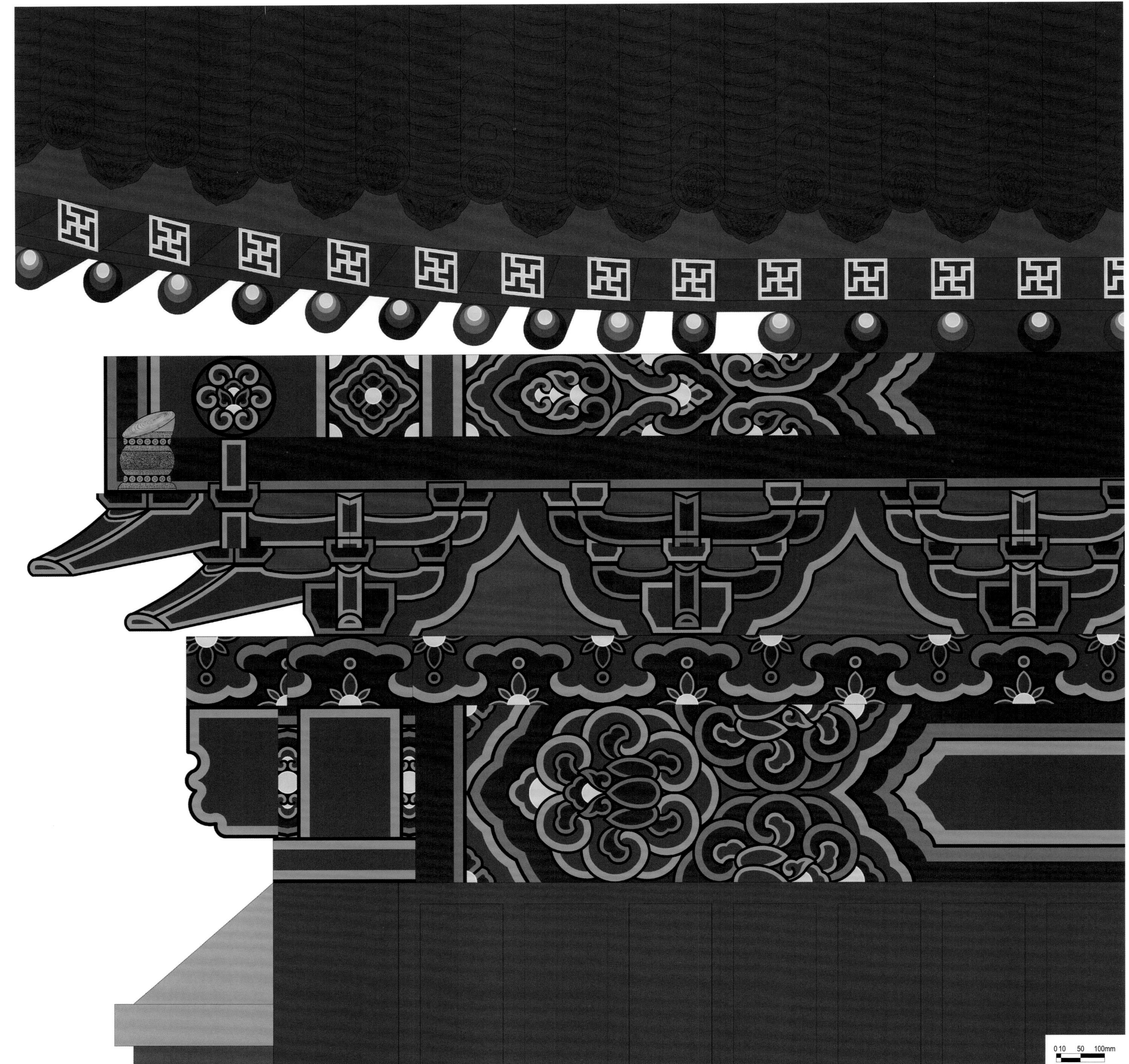

北京智化寺智化门檐面次间半间局部图（彩图）

北京智化寺智化门檐面次间半间局部图（线图）

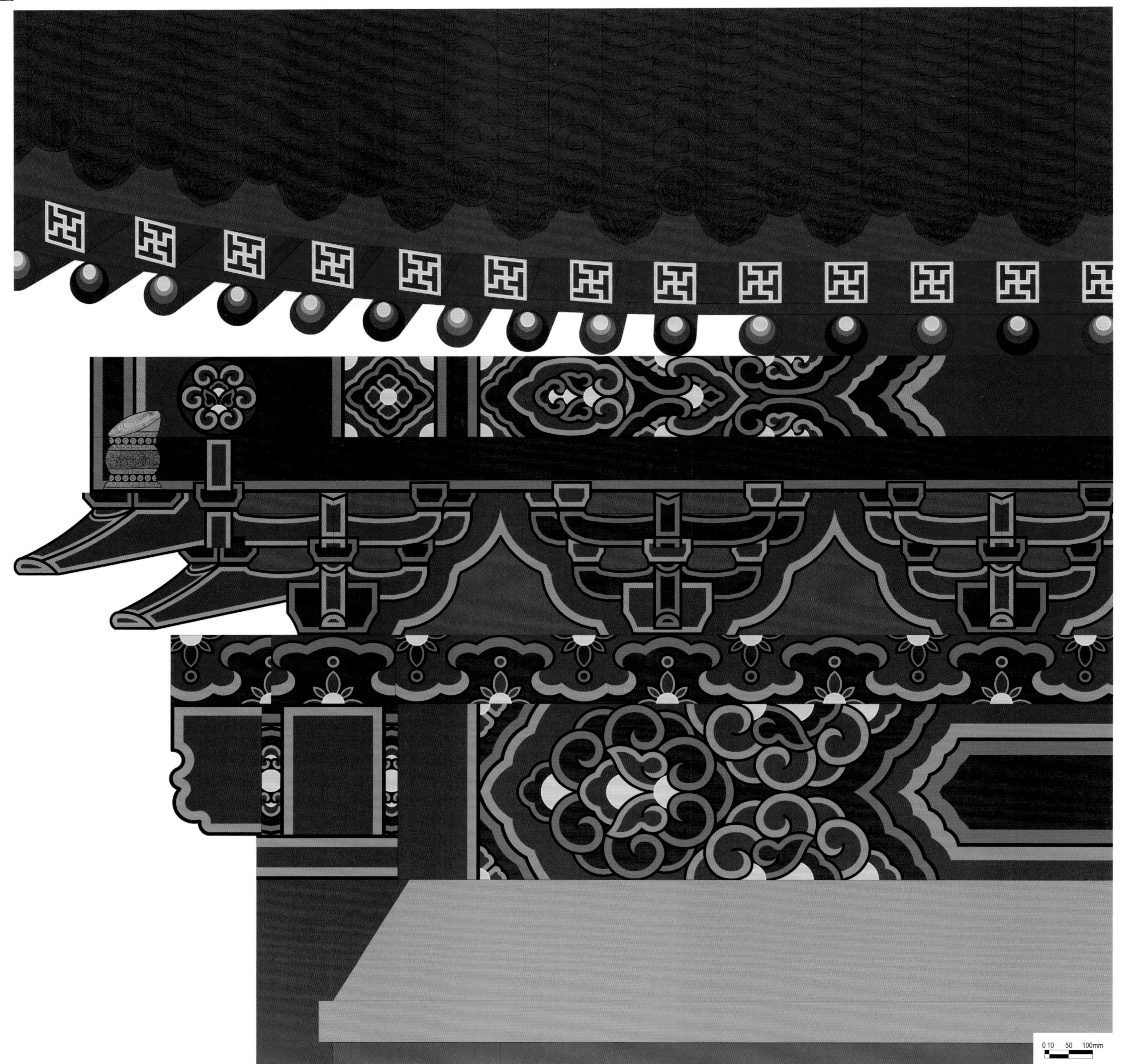

北京智化寺智化门山面半间局部图（彩图）

北京智化寺智化门山面半间局部图（线图）

北京智化寺钟楼、鼓楼正立面图（彩图）

北京智化寺钟楼、鼓楼正立面图（线图）

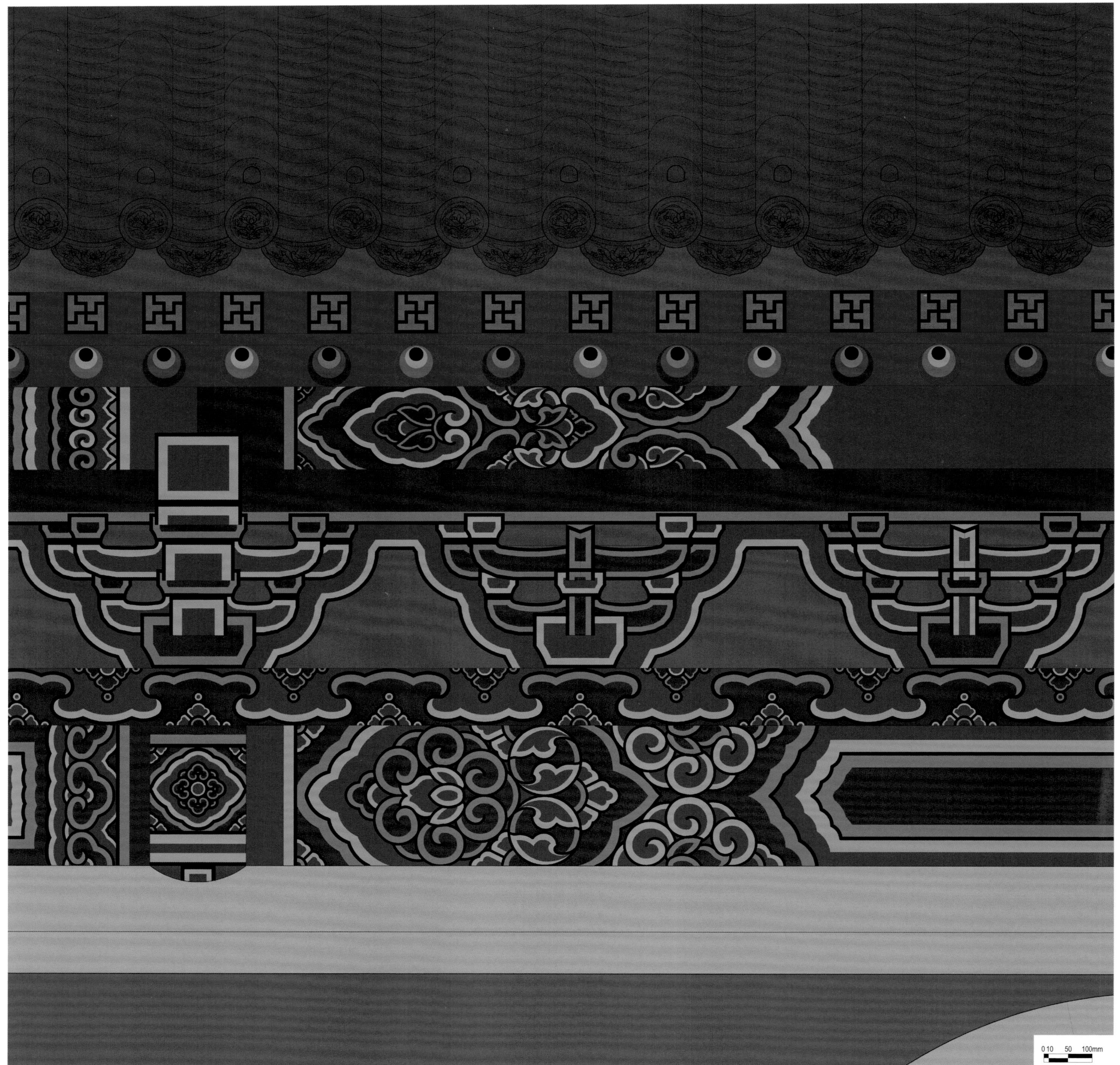

北京智化寺钟楼、鼓楼首层明间半间局部图（彩图）

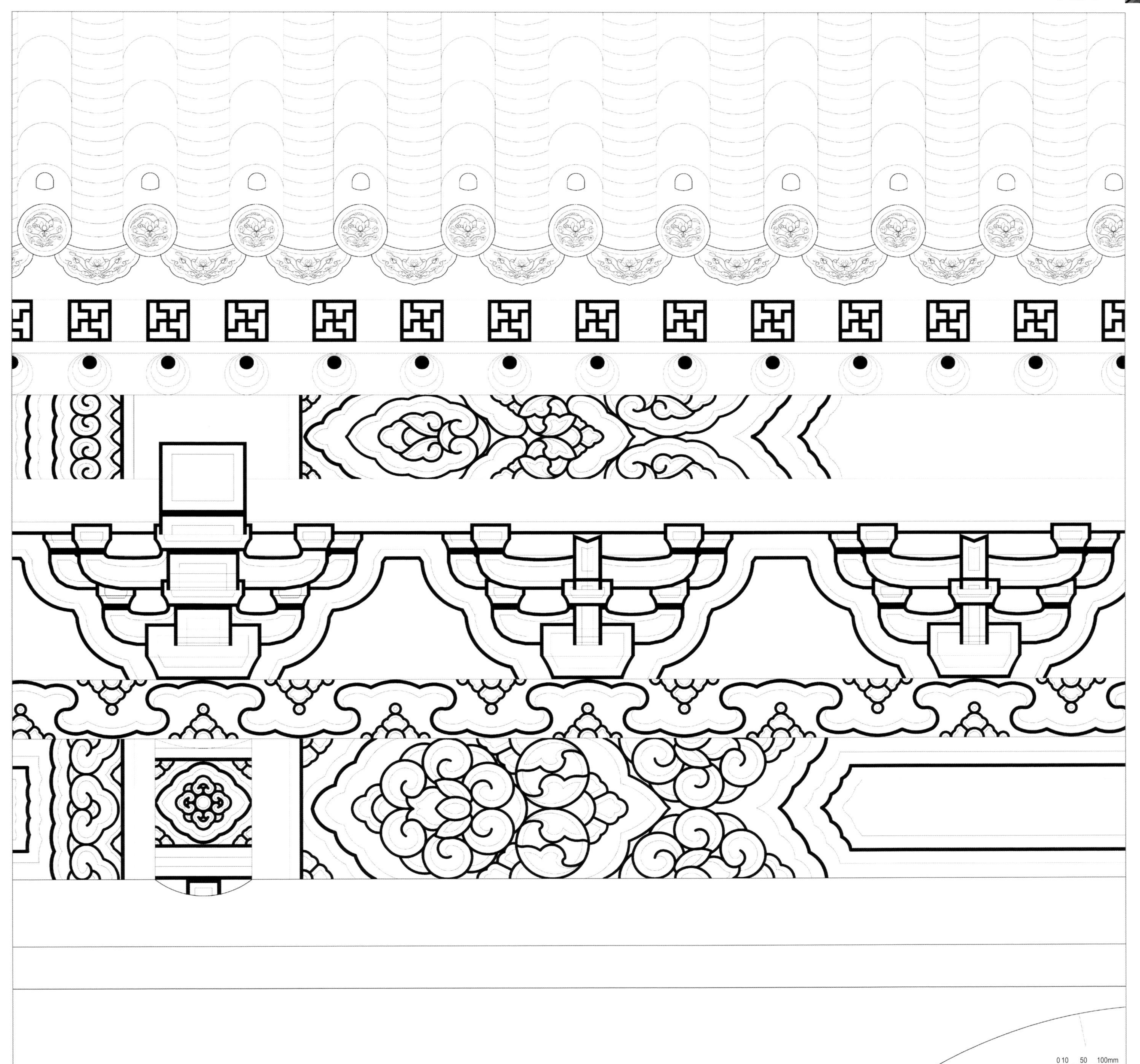

北京智化寺钟楼、鼓楼首层明间半间局部图（线图）

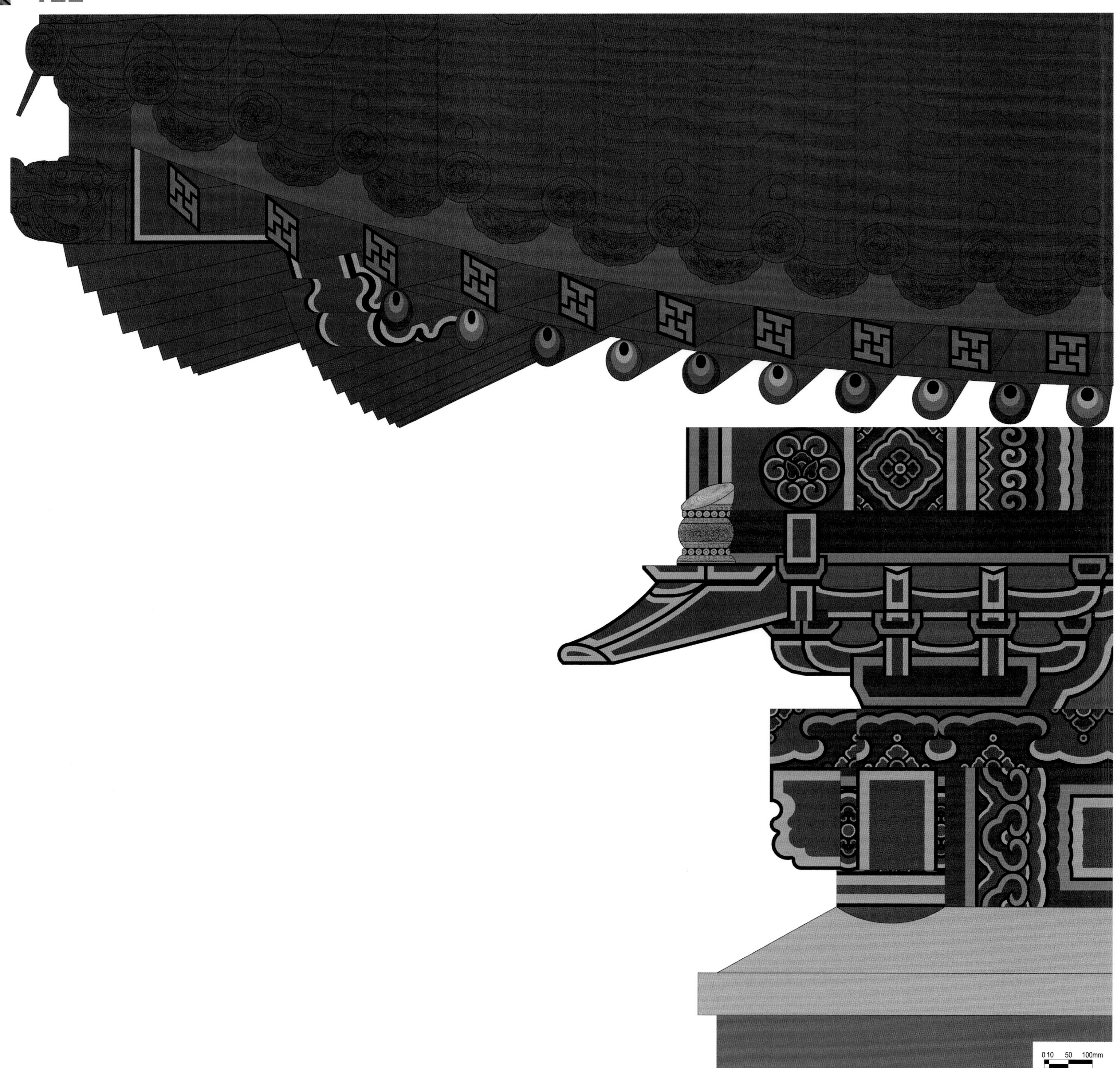

北京智化寺钟楼、鼓楼首层次间半间局部图（彩图）

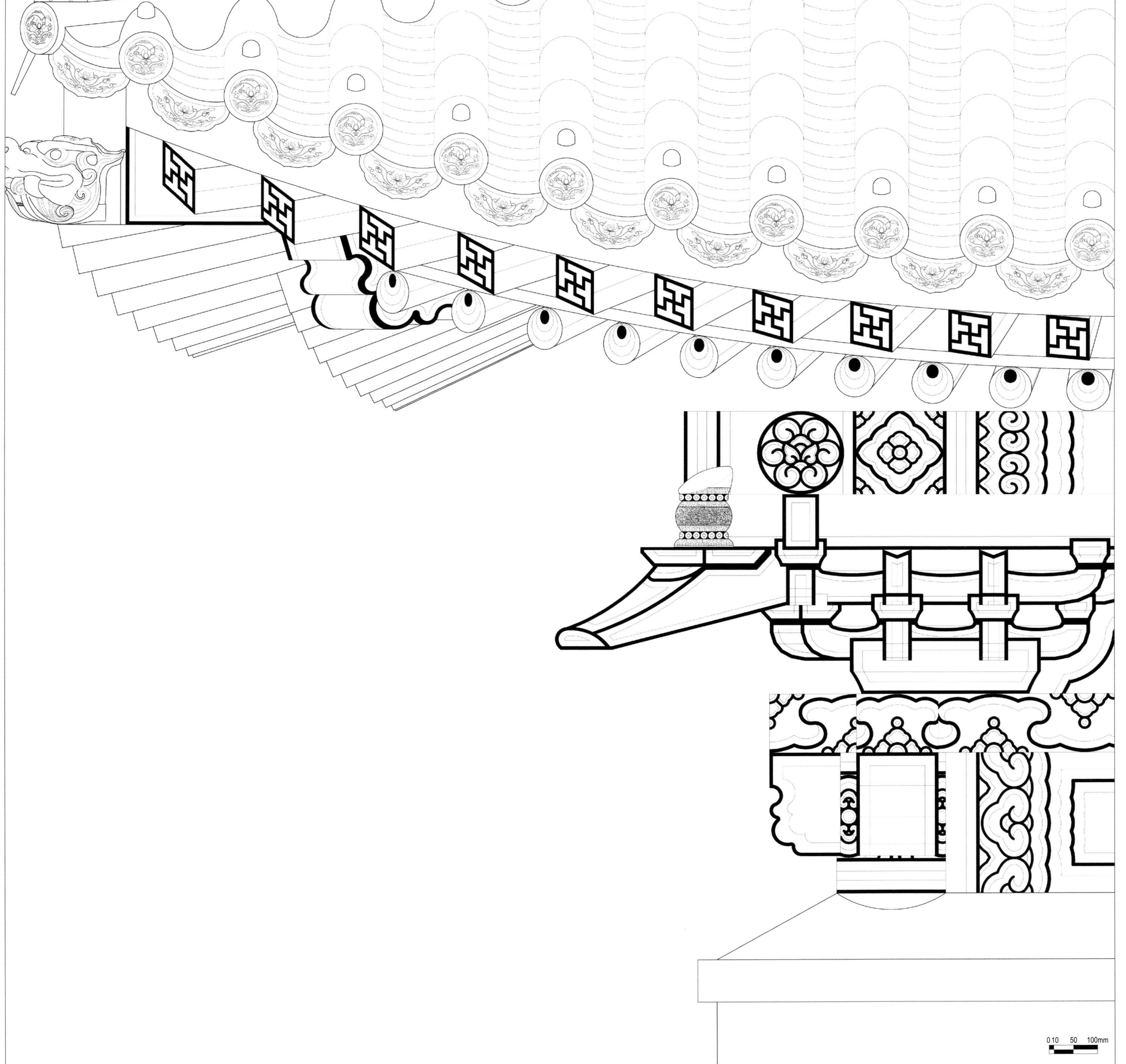

北京智化寺钟楼、鼓楼首层次间半间局部图（线图）

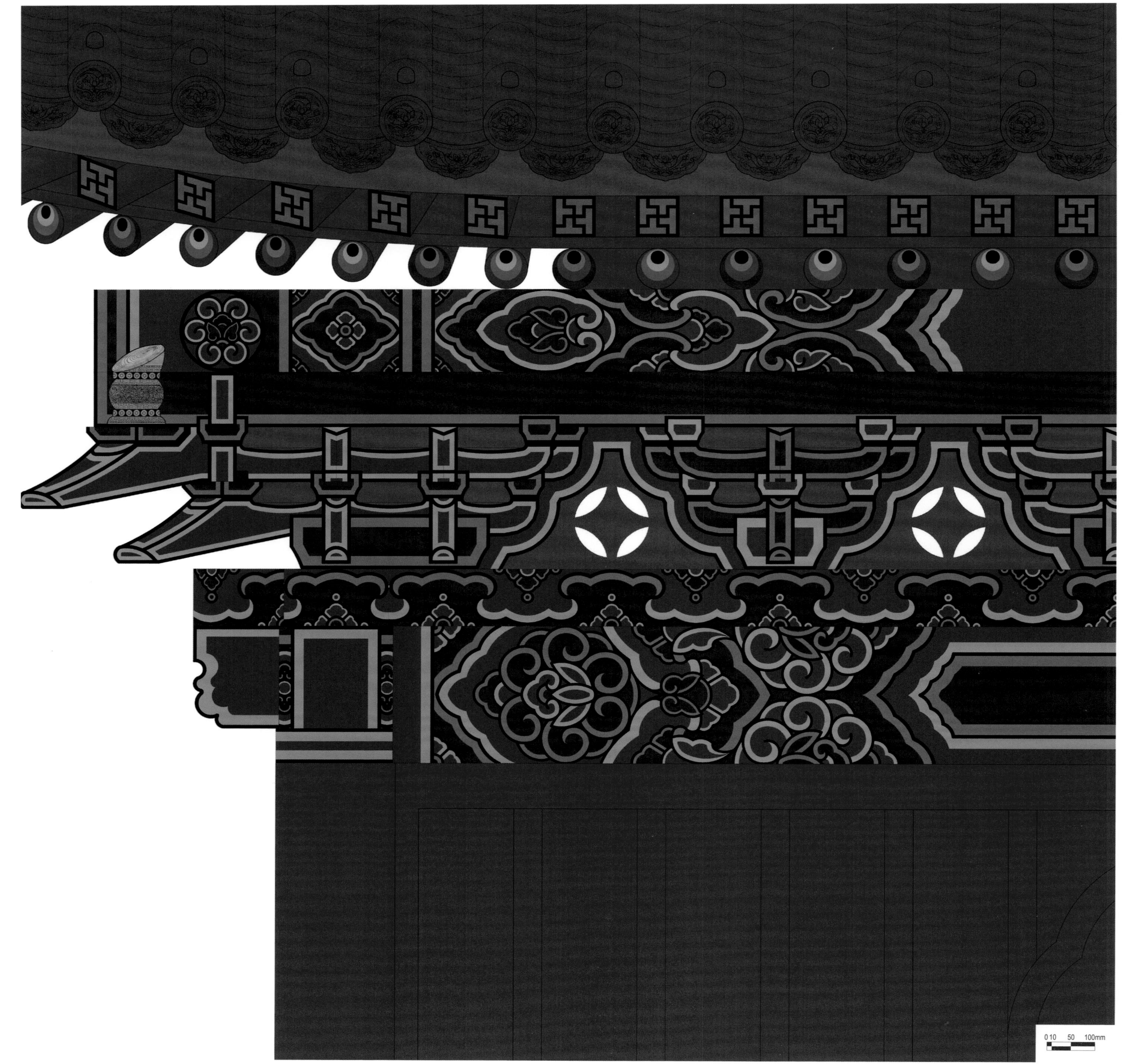

北京智化寺钟楼、鼓楼二层半间局部图（彩图）

北京智化寺钟楼、鼓楼二层半间局部图（线图）

附录一　智化寺明代官式彩画图版索引

智化殿

大智殿、藏殿

智化门

钟楼、鼓楼

附录二　个人作品展示：部分项目建筑彩画立面图

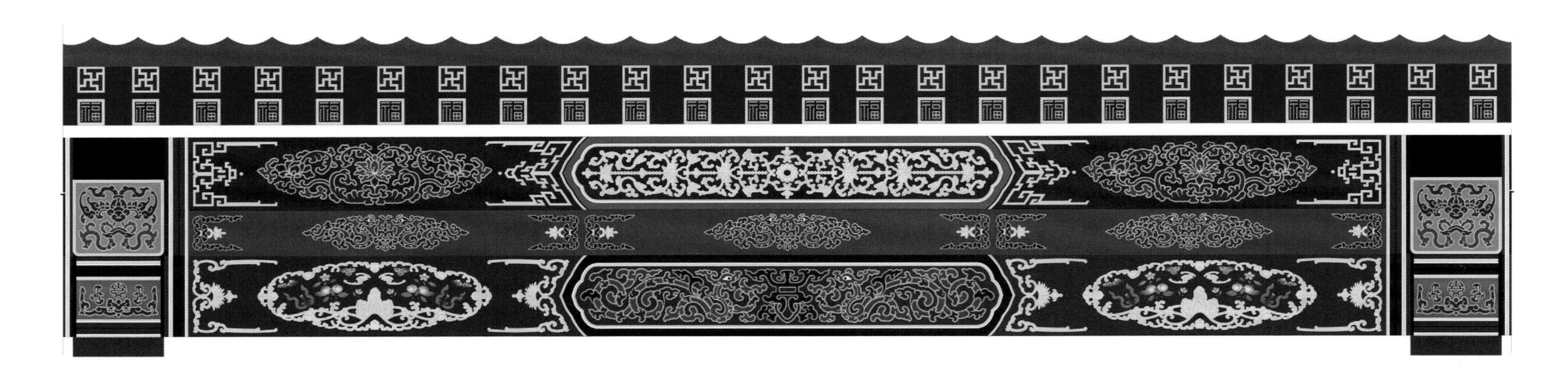

清代中期金琢墨方心式苏式彩画

清代中期官式金琢墨苏画

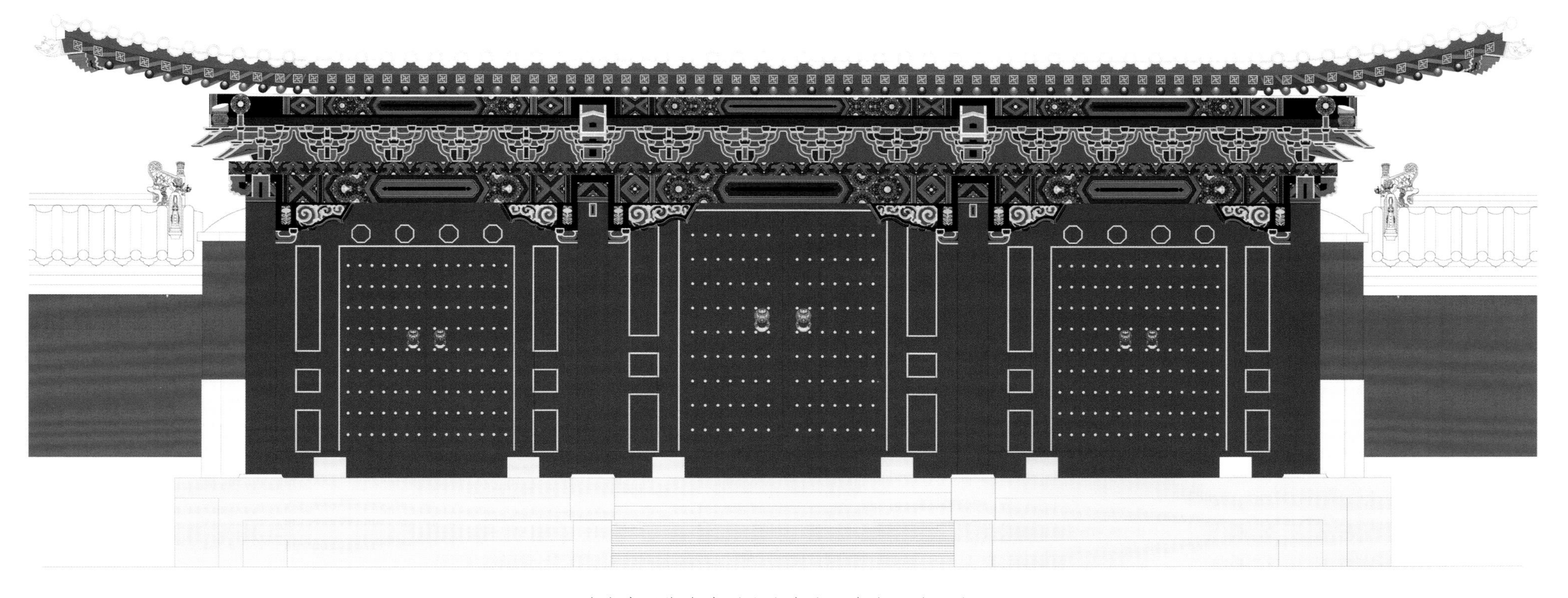

清代中早期官式墨线大点金一字方心旋子彩画

清代中晚期官式金线大点金旋子彩画

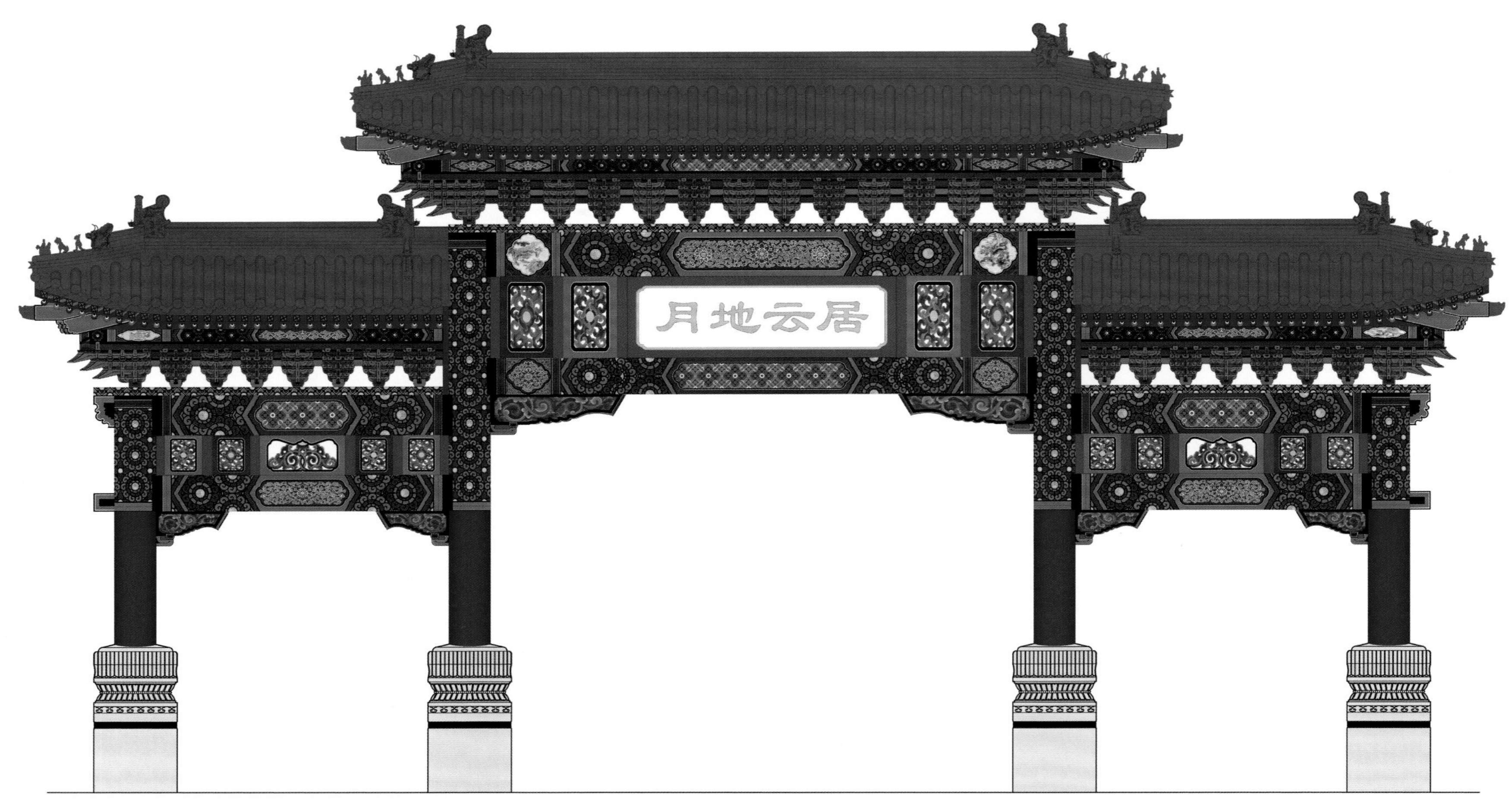

清代官式小点金花锦方心旋子彩画

清代中晚期官式金线大点金龙锦方心旋子彩画

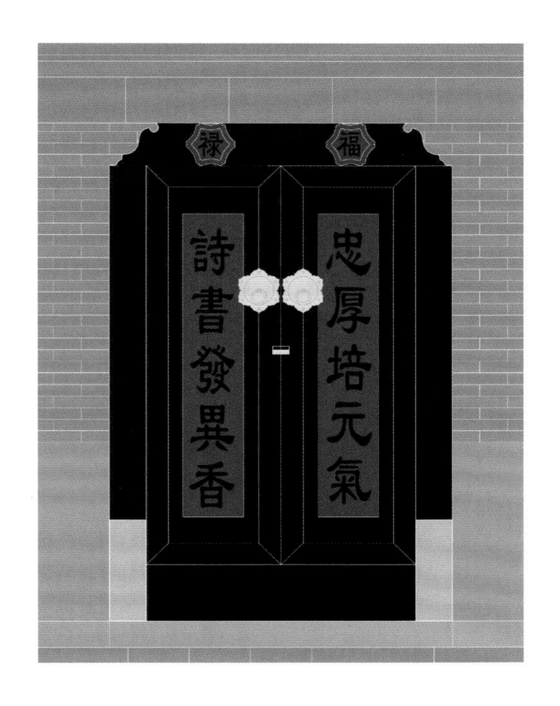

传统民居四合院宅门“黑红净”油饰

设计人：王妍

故宫西六宫之翊坤宫檐枋彩画方心式苏画包袱心“仙福永享，寿与天齐”（作者手绘）

参考文献

[1] 蒋广全 . 中国传统建筑彩画讲座 [J]. 古建园林技术，2013（120）.

[2] （明）李东阳等 . 大明会典 [M]. 扬州：广陵书社，2007.

[3] （明）张廷玉等 . 明史·舆服志 .

[4] （清）允祹 . 大清会典 [M]. 四库馆，1868.

[5] 于非闇 . 中国画颜色的研究 [M]. 北京：北京联合出版公司，2013.

[6] （宋）李诫 . 营造法式 [M]. 北京：中国书店出版社，2006.

[7] 清朝工部 . 工程做法则例 [M]. 北京：化学工业出版社，2018.

[8] 张驭寰 . 宫廷建筑彩画材料则例 [M]. 北京：中国建筑工业出版社，2010.

[9] 蒋广全 . 中国清代官式建筑彩画技术 [M]. 北京：中国建筑工业出版社，2005.

[10] 国家文物局 . 中华人民共和国文物保护法 [M]. 北京：文物出版社，2005.

[11] 百度百科 . 本词条由“科普中国”百科科学词条编写与应用工作项目审核 .

如来殿万佛阁右立面图

如来殿万佛阁左立面图